廚房小情歌

番紅花 著

目次

生活風景

哼著情歌山歸來

洪震宇

認識番紅花這幾年，我其實不知道為什麼她的筆名要取番紅花？就我所知，番紅花是世界上最貴的香料，主要產地在伊朗，是西班牙海鮮燉飯的靈魂。奇特的是，番紅花的本名，卻帶著菜市場名的泥土味，她的靈魂，更來自鄉野山林，老家在坪林山裡，母親養豬，採野筍，她小時候會幫母親炸豬油、餵豬，與弟妹吃油燜筍、炸豬油粕與雞酒糯米飯長大。

她的新書不在展現精湛廚藝，反而儼然像是一本主婦的食材曆，她花最多的時間，不是在廚房，也不在餐桌，而在市場，有時候也在產地第一線。

那為何叫番紅花呢？好矛盾的感覺，我反而想起山歸來，這種終年常綠，冬天轉成鮮紅果實的植物，果實可吃，根莖是中藥材，果枝可做插花的素材，別具冷豔之美。

番紅花本人跟文氣，就像從山林歸來的人，帶點泥土，帶點淡淡羞澀，明亮卻有朝氣。我也沒叫過她本名，常常叫她「番番」，這個暱稱有種狂野的張力，也許，這就是她新書強調的，「永遠，是食材在決勝負」，看似醜醜不起眼的食材，其實價值高，不含農藥，蘊含天地人的質樸心思，才是真正的營養美味。

從食物看人生，才能體會她在書中反覆出現的主張，如何擁有B級的外表，過著A級的人生。以往，忙碌於時尚精品職場的番紅花，可能過著光鮮亮麗的A級外表，被工作占據、生活失去平衡的B級人生。紅塵滾滾之後，才更瞭解生命依歸。時尚設計大師香奈兒曾說：「時尚總會過去，風格歷久彌新。」回歸家庭之後，番紅花是以昂貴的香料為幌子，行市場田野之實，她身體力行，精品真正的價值，來自於生活，來自於文化，來自於自信，有了品格，才有風格。

真正的精品不在華麗的購物中心，不是每季流行的絢爛，而是土地，以及土地上辛勤耕耘的人們。於是，在這個菜市場伸展台上舞動風采的，便是跟著節氣運行的食材了，但要如何選擇？找到具有小農精神、價格實在又營養的主角呢？

為了讓家人吃得健康，又能鼓勵認真的小農，番紅花一攤一攤的詢問，一鄉一鎮的踏查，就像女性會在百貨公司研究高跟鞋、口紅一樣，吃下肚的食材更需要細心的詢問比較，不只具有生活樂趣，更讓家人心靈與舌胃雙重飽滿。

這本書也是與母親的對話。記得番紅花在描寫八十歲母親仍執拗自己帶刀、背麻袋，隱入老家金瓜寮的山徑中，去破土挖尋竹筍，她坐在溪邊癡望著媽媽的老背影漸漸隱入山林，她呢喃著：媽你要小心啊，你手上拿著刀子開路很危險，要走好扶好，可千萬別跌倒、迷路了，我們就坐在溪邊等你回來，別去太久……

山歸來，山歸來啊，帶回的是母親的慈愛，食材的記憶。

這兩年，過年都帶著家人去番紅花家拜年，品嚐她的好手藝，書裡面出現的紅麴雞湯，總是溫暖我們的胃，櫻花蝦炒高麗菜、魚片豆腐，這些家常菜，日常又美味，讓我們一待就是一整個下午，餐桌上聊食物、聊人生、聊家庭，分享旅行台灣的樂趣。

我總是期待明年過年，番番又會準備什麼好料招待我們？那鍋又香又燙紅麴雞湯會不會出現？

桌上會不會插上一盆山歸來的紅豔果實呢？

（本文作者為作家與小旅行推動者，著有《旅人的食材曆》、《樂活國民曆》）

手路菜的逆襲

黃哲斌

過去半世紀，我們目睹了家庭生活的巨變，目睹父母成為最大的「發包中心」。尤其無奈的都會核心家庭，當孩子出生不久，育兒工作就「外包」給保姆或托嬰中心，甚至週末才能領回；再大一些，幼兒園與安親班成為教養陪伴的「派遣」機構，忙碌的雙薪父母，只能從晚餐到睡前，擠榨出三小時的珍貴相處。

當然，我們也被迫將廚房外包，發包給滿街的自助餐店、小麵館、便當店或速食店；抽油煙機光鮮少油煙，進口鍋具是療癒性的衝動消費，中島流理台取代三十年前的洋酒櫥，成為最時尚的陳列式家具。但絕多時候，我們與孩子拎著塑膠袋的湯湯水水，用極不衛生的衛生筷及保麗龍碗進食，或對著電視扒著油亮的排骨飯。

幾十年下來，孩子們虛胖了，大人們驚心讀著健檢紅字；在此同時，我們遠離了真正的食物，遠離了誠實的食材，遠離了餵養我們長大的菜市場。我們的廚房，也遠離了父母及阿嬤的手路菜，遠離了烹飪煮食的滿足感。

代價更大的是，現代超市逐漸取代傳統菜市，充滿風險的慣行農法取代古早的自然農法，化肥及除草劑取代陽光與蚯蚓，土壤被剝削、河圳被汙染、農人被迫追求最大產量，我們的食物，變成工業合成物；我們的身體，淪為化學實驗室。

番紅花這本書，溫柔而大聲呼喚我們：別忘了廚房，別忘了菜市場，它們才是味蕾安頓的家鄉。

番紅花提醒我們，唇舌與食道，是與社會連結最強、最緊密的人體器官，每一道通過胃腸的，理應來自海洋、來自土壤，來自漁人、農人或牧人的勞動，來自產地的季節問候，來自繁花燦爛的市集攤肆，來自先祖或母親的智慧叮嚀，然後，佐以一點靈感，一點冒險，一點浪漫，最終端上餐桌，碗筷叮噹講述你對家人的綿長情意。

於是，我們歡悅好奇，跟著她穿巷過弄，逛看各地菜市的人情窗景，尋訪春涼秋爽的獨門奇貨，翹腳陪她料理一道又一道巧妙家常，一邊望著滿口生津，忍不住想捲起袖口，下廚試兩樣清簡佳餚。

這是我們這世代，最美好的溫習功課之一，或許，有人終於記起母親的手路菜，或許，有人憶及逛菜市的樂趣，或許，僅僅厭膩了外賣便當千篇一律的口味與配菜，於是，我們的廚房重新忙碌起來，重新有了鑊氣，重新響著切菜聲與鍋鏟聲，窗邊重新晾掛雲林莿桐的蒜頭，灶腳重新堆放花蓮壽豐的東昇南瓜。

我們重新複習時令、產地與節氣，重新買當季、吃在地，重新熟悉攤商叫賣與掂斤秤兩，重新關心食物來源與生產方式，如同番紅花書中的邀請：

「這一整年裡，你願意走走逛逛一百次的菜市場，或是，一年三百六十五天的一千零九十五頓飯裡，你願意捲起袖子在自家小小的廚房裡試做一百頓飯。」

當這天來臨，請相信，你不只正在改變你家餐桌，也正在改變農田，正在改變社會。這首廚房小情歌，也可能是美麗農村曲。

（本文作者為新聞記者、文字工作者、兩個男孩的爹）

開場白

人生有時憂傷，所幸，我們升起了爐火，又烹煮了食物。

這本書主要是為了那些在日常生活中，既想要自己動手烹煮，卻又苦於對當令食材與料理手法不是那麼有把握，時而陷入猶豫掙扎的人們而寫的。

像我這樣，非從小出身於饕餮世家、也沒有歐美廚藝名校畢業的背景，更沒有在商業餐廳裡專職掌廚的經歷，我只是一個很普通的、每天逛菜市場買肉買菜的婦人，卻因為幾千個日子的家常下廚磨練，以及台灣亞熱帶海島地形所帶來的豐富物產，再加上全島各地農漁牧人的勤勤懇懇，使我雖無太高深的功夫，依然可以在自己家中樸素的廚房裡，烹煮出一道又一道簡單但富含滋味的料理。

那麼，何不就從洋蔥產地的故事說起呢。

尋常週日沐著陽光，我和丈夫走了三十分鐘的路去逛湖光市場，背著購物袋微微沁汗的我們，駐足在一個菜色多樣的大攤子前，丈夫拿起一顆皮相完整的洋蔥問菜販說，頭家你這洋蔥甘係台灣ㄟ？

老闆檳榔嚼得正起勁，語氣十足肯定地回說，是啊，這洋蔥是屏東的喔。

就在這同時，我也急著回答與我相隔一位歐巴桑的丈夫說，喔不，這洋蔥是進口、不是台灣的，你不會喜歡它的味道的，趕快放下吧。

老闆聽了我的搶答，倒也神色自若，笑一笑硬拗說，唉唷，兩個禮拜前的颱風把屏東的洋蔥都給泡爛了，現在你到哪裡都買不到屏東的洋蔥啦。

丈夫詫異的回過頭低聲嘆，這老闆做生意真不老實，害我差點上當，你是怎麼一眼就看出這洋蔥是進口的？

呵，道道地地台北婦人的我，如今能夠一眼就分辨出洋蔥是本地或進口，也是因為上過好幾次當啊，吃了多次飄洋過海而來、外觀完整但其實毫無甜味的進口洋蔥，才深深感覺本地洋蔥的新鮮甜美大大勝出。洋蔥是我做紅燒類料理時非常重要的甘味源頭，一日不可少，平常把它們高掛在通風的落地窗前可貯藏三十天不壞，但市面上進口洋蔥占大多數，為了避免一再買錯，我不能不學著從肉眼就判別出台產洋蔥特徵的本事，台灣洋蔥的鱗片比較軟，摸起來較軟潤，外型呈不規則的尖橢圓狀，有時已略略發芽；而進口洋蔥通常有一層焦褐色的乾燥外殼膜，摸起來硬實，外觀大多呈規則的扁橢圓形。我總是納悶，為什麼一路遠洋而來的洋蔥還能在外觀上較為硬實？為什麼放再久都不會發芽呢？是否為了因應長途跋涉、而做了什麼人工保鮮的手續？總之，願意用心去觀察，就不難培養出分辨台灣與外來洋蔥的本事，萬一遇上不老實的菜販，也就不會上當了，畢竟，食材深切攸關著廚藝的表現與風味。

永遠，是食材在決勝負的。

煮飯這件事和是不是藍帶學校畢業沒關係，只要肯經常到菜市場或超市像研究鞋跟高度或睫毛膏、口紅般，一個一個拿起來摸摸看掂掂看，次數多了，識別的功力絕對大增，一旦學會挑選新鮮的當令食物，煮出來的料理斷然不會遜色。一如新鮮的魚簡單清蒸就味美，而一尾已微微發腥的魚，即使用再多的豆瓣醬番茄醬油蔥薑蒜，也掩蓋不了食材的失鮮。

九歲開始，我就跟在媽媽身邊見習怎麼一邊炸豬油、一邊吃著燙呼呼的豬油粕當零嘴。豬油粕如果炸得不夠乾就不夠香，彼時爐火那麼燙而我那麼瘦小，豬油粕嚼在口裡的焦酥脆在幾十年過去以後，卻仍是我童年夢境的一首小詩，這詩是短的，意境卻綿長。

甚至我還記得八歲回金瓜寮老家時，我曾經獨自抬起一大桶的餿水廚餘，略帶悸怕地、慢

慢走到山中無人的豬圈，蹲下來和那兩隻渾身發亮的黑毛豬喃喃說了好一些話。一旦聞過豬圈的味道，親自餵過豬吃飯，從那時起，我對豬這種動物所產生的微妙感情，便超越一般同齡孩子所謂又髒又臭又笨又懶的訕笑了。

如今回想，媽媽當年或許是沒有所謂兒童安全意識的，所以她會在轉身去幫弟弟洗澡時，仔細交代，要我站在爐火旁、守著這鍋炸油，並要我不時用鐵鏟子去輕輕攪動鍋子裡的豬油粕，莫讓它不小心焦了、壞了一鍋油的清澈。現代父母充滿兒童燙傷意外的憂患意識，焉有勇氣讓九歲的孩子學著去炸油？我很慶幸童年曾有這樣一小段豐盈我的小小思想，我永遠記得廚房瀰漫了動物油的香，我靜靜乖乖工作的身影，還有那一個多小時熱氣蒸騰在我幼年身上的篤定與自信。

這是個料理故事百家爭鳴的年代，突然，跟煮飯有關的電視、文字、攝影和粉絲專頁都火紅了起來，吃飯不再只是填飽肚子而已，似乎還是文藝療癒系的一種。鏡頭下，煮飯吃飯已不只是阿嬤當年大火大灶的炒地瓜葉、煎白鯧和炸排骨酥，煮飯還講究擺盤、配色、少油、低脂、當令、夢幻黑松露、餐具、鍋具、Ferran Adrià 分子廚藝的物理與化學變化、還有米其林星星在巴黎、東京與香港等各種精采故事的迭起。

不過，對我這樣土裡土氣的摩羯座女人來說，深夜食堂的日式幽幽懷傷氛圍固然很打動我，安東尼波登的行走天涯品獵美食，也吸引我坐在電視機前吃四方而不設限，記者描寫的藍帶學校生活好像辛苦卻浪漫十足，石灰岩的克牡巴羅山洞所發酵成熟的洛克福藍黴乳酪，配酒好像也很不錯……，但，不管媒體怎麼播送或感染，我在廚房裡的目標始終很簡單、方向一直很明確：

煮飯的最主要精神，就是在最熟稔自在的空間裡，填飽一家人的肚子，讓家人和自己，輕輕打個飽嗝、離開餐桌以後，有元氣有力氣的繼續幹其他活兒去。

畢竟，我始終都不是個可以從刷流理台、清抽油煙機這些油汙工作中、感覺到亮晶晶樂趣的女人，所以，煮飯的過程更希望是流暢有效率的，我不刻意去設想摩登、花俏、複雜、費工的煮飯方式，只要好吃、會飽、全家人吃得自在輕鬆，亦不造成我自身煮一頓飯下來累呼呼、腳瘦手沉的，這樣就好。這是我一二十年來的煮飯人生，親自餵養大兩個孩子、最實在的體驗。

這本書，我想講的是，如果在這一整年裡，你願意走走逛逛一百次的菜市場，或是，一年三百六十五天的一千零九十五頓飯裡，你願意捲起袖子在自家小小的廚房裡試做一百頓飯，那麼，你當會開始了解，活在歐亞大陸板塊和菲律賓海板塊擠壓而隆起的這座島嶼上的我們，因為地形、海拔、氣候的變化如此之大，我們可以買到的新鮮生猛食材，原來是這麼的方便、美味、便宜、多變化，廚房的生活竟是如斯值得嚮往……

日常旅行

五湖四海的滋味

台北東門市場

鐵皮屋下長巷迷宮似的蜿蜒，斑駁中生猛的常民味道不減，
有人說它是貴婦的菜市場，然我一次又一次假日緩慢的逛過來，
也找到一條屬於我自己風味、美味不貴的東門市場路徑。

有時我送完孩子上學、清早七點就晃到菜市場，那時賣調整型內衣的小販正在架鐵桿、賣豬肉的老闆娘還沒到、賣豬腸冬粉的高湯還沒煮好呢，賣水餃的阿姨也才剛拿出一袋袋光淨的水餃皮，貨車正停在路邊搬下一箱箱不知今天會是什麼的菜。那樣唏唏索索聲音的菜市場於我亦是魅力生發，像是後台的演員正在著裝，每位勞力者默默為今天的每一塊賺頭，撚亮燈，架好攤子，臉情肅穆，把一粒粒水果擺正，把一束束青菜再噴一次水好讓它青翠有賣相，序幕就這樣拉開。

緩步走在其中，似乎已聽見這些每日努力掙錢的勞力者他們來自心中的殷實低語「租金這麼貴，一定要旺市啊今天！」的小希望。

有時我在過午後去逛市場，那時還沒能打烊收攤的攤子，老闆的招呼就更勤快了。原本一斤八十的黑毛豬大骨，現在出清六十塊就成交，原本一斤一百二的蘆筍花，太太你要的話通通五十塊就好。買者和賣者的收受之間，都在這飢餓的晌午時分，感到慷慨交易的坦然與窩心，對於半夜就得起床出門去批發果蔬與鮮魚的市場人來說，過午就要和老婆回去休息了，只要能夠把剩下的這些東西賣光、不載上貨車、明兒個能有本錢去批發新的果菜來賣，那就好。

張愛玲〈更衣記〉裡曾這樣寫市場的氣息，「秋涼薄暮的小菜場上收了攤子，滿地的魚腥和青白色的蘆粟的皮與渣。」

終生漂泊上海、天津、香港、美國的小說家，一派清簡即描摹出收市以後，人潮散去的暗淡、味道與寂然。蘆粟這蜀黍類食材於台灣此地是陌生的，但張愛玲筆下彼岸那邊的市場氣味，幾十年過後，仍與我們這兒無異哪。

若問在台北最富外省氣息的菜市場，我想東門市場必是其一。以川揚菜聞名、具六十幾年歷史的銀翼餐廳就在步行五分鐘的距離，暗藏小巷隱幽細趣的永康街散步也可達，東門市場是一個買菜之外、更可讓一家子隨意穿梭、豐儉由人的吃飽喝足之境，拯救了今日晌午不想入廚煮飯的煮婦。這市場自一九二八年建立至今，鐵皮屋下長巷迷宮似的蜿蜒，斑駁中生猛的常民味道不減，有人說它是貴婦的菜市場，然我一次又一次假日緩慢的逛過來，也找到一條屬於我自己風味、美味不貴的東門市場路徑。

在東門市場的周圈腹地可吃些什麼呢。

我不愛那兩家遠近皆來的米粉湯，我感覺它味精稍重，且用餐環境狹仄密集，客人彼此緊挨著排排坐，兩手的包包衣服菜肉沒得擱置，以至喝湯吃小菜都不舒心，若是旅人獨自將就著呼嚕呼嚕解飢還行，卻不適合一家子聊天共食。

我們愛市場內的一個小鋪子，利隆餡餅。僅兩坪大，落漆的老招牌，舊暮的擀麵皮工作台，一望即知是歷史。母親與兒子共同攜手顧攤做生意，他們轉身都不易的用滿是麵粉的雙手，捏出一個又一個豬肉、牛肉、韭菜和蘿蔔絲餡餅，做好以後再細心用白棉布覆蓋保溫著，暖暖熱熱、汁鮮皮香、餡料厚實不偷減，沒有了不起的豪華美味，只有尋常人家的裹腹真味。一次吃一個喜歡的餅，可能兩三百卡路里，剛剛好。

假日的東門市場，人聲沸騰，餡餅過後還想繼續吃呢。於是走到近市場口另一家既老且小的鋪子，江記豆花。不提供任何多餘的配料，這裡的豆花只淋上軟而不爛的花生與糖水，放豆花的圓鐵桶已工作三十幾年，依舊保持它晶晶亮亮，讓人看了放心，器具沒壞當一直用下去，而不去追求所謂的新功能、新感覺或新潮流。在江記吃一碗古早味手工豆花，就是甜點的安慰（對我來說，這可比一小顆要價八十塊繽紛色彩的馬卡龍，更具甜點的扎實幸福感），豆花本自黃豆，黃豆可帶來蛋白質的供輸餵養，人類吃黃豆恐怕有五千年的歷史，《神農書．八谷生長篇》說：「大豆生於槐。出於淚石雲山谷中，九十日華，六十日熟，凡一百五十日成。」一看吧，古人必是敬重豆子的，所以把豆子說得這般實美，我對於前人如此智性的將一把豆子料理成滑嫩的豆花，那中間必富含著什麼樣的創造力與奇想，這我永遠懷抱著驚奇與崇敬。

餡餅豆花先後入腹，此時肚子已六分飽。孩子必然說，媽媽，我們再去吃一碗義芳魚丸湯好不好。

義芳魚丸係採福州傳統作法，店鋪除了現煮的麵丸之外，也販賣當日手工現做的新鮮丸子，福州魚丸的肉餡鹹香汁豐，青蔥與豬後腿肉的搭配和諧不膩，魚漿的外皮軟實又有彈性，這是小家庭做不來的東西，因此來到東門市場，我們總不放過「老闆，來四碗福州魚丸湯！」的機會。雖然建中對面的林家乾麵依然是我心中福州魚丸的首選，但逛到這兒，義芳魚丸也是面面俱到的點心佳作。

若是逢天氣熱，我們喜歡再去吃一碗市場邊的蒟蒻綠豆薏仁，來結束今日兩三小時的東門市場之旅。這家店使用冰糖故甜味純正，湯汁少而以煮到鬆軟綿的綠豆為主，吃起來微蜜而飽足，完全無罪惡感，內心只有一股吃到好東西的存在感。

在淡水種菜，然後到東門市區販賣的小農，
她冬日的高麗菜和胡蘿蔔、柑橘，該酸就酸，該甜就甜。

這一路從餡餅、豆花、福州丸再吃到綠豆薏仁，滋味五湖四海、劃不出清楚的省籍，此即東門市場的可愛之處，時光久遠，它的包容性越來越寬了，傳統醬菜、港式點心、磨菜刀鋪歷幾十年依然佇立著，西式的手工鹹派小店也悄悄開張。可是，等等，這東門市場生活圈，還沒走完。

過個馬路到臨沂街的小巷子去，老北京作法的芝麻醬燒餅夾五香醬牛肉，這是馬叔餅鋪的功夫餅。焦褐色的燒餅個頭小、餅身富層次，牛肉的放血過程必然徹底，所以牛肉滋味無腥清淨，幾年前我曾帶一位來台北差旅的英國老先生吃這燒餅，剛學會拿筷子吃飯配炒箭筍的他，邊吃邊不停地抱怨，唉，真糟糕，你讓我吃過這燒餅，叫我回倫敦以後，如何還能吃炸魚薯條呢？

此即經得起時光流逝與地域疆界的美味。幾十年來，馬媽媽做燒餅的工法未改，揉老麵團、醒麵、敷上芝麻醬、捲麵團、然後一一捏型、再刷上醬油，接著在煎板上煎過，最後再入烤箱烘烤。每個工序都是執著的職人精神，都為路過的我們，積累一生被食物款待撫慰的回憶。芝麻醬燒餅。這絕不是工廠的機器生產線上，一天可出幾千幾萬個速成工業麵包可比擬的溫度與溫柔。這是我每一次行經東門市場時，最不能錯過的京味兒。

孩子說腳痠了。忍一下，再漫步一小段到旁鄰的永康街吧，如暗夜星星般隱隱閃爍的小咖啡館、小茶屋，正無序無規地羅織在那兒的密弄裡。

東門市場：台北市信義路二段八十一號，近捷運東門站。

東門市場遇黑柿番茄

東門市場被馬路分成兩區，而我較喜歡到臨沂街七十五巷這區塊買蔬菜，除了一台小攤車每天有小農婦女從宜蘭帶來少量的瓜果擺設，還可以吃碗福州魚丸湯，

還有一家老闆態度很親切的水果鋪子。

那天我佇立在紙牌上寫著「原生種黑柿番茄、無基改」的攤位前，老闆馬上洗了兩顆番茄硬要我吃吃看，我很意外在傳統菜市場，會有人用「無基改」的訴求來區隔他的商品。

老闆看起來不到四十歲，他說，因為有老朋友在農會上班，才能批到稀有的台灣原生種番茄來賣，別看它個頭小，可是皮薄、肉軟、酸甜多汁，和改良過的大顆強壯黑柿番茄很不一樣，這口感不是人人喜歡，可老闆他自己愛。我拗不過他的熱情當場咬了一口，喝！果真和我慣習的黑柿番茄滋味不同，其果酸縈繞了舌尖數十秒後才慢慢釋出甘甜味。

我秤了兩斤提回內湖。一回學礁溪的小館子將它和皮蛋雞蛋一起熱炒，另一回炒了三星蔥與蝦仁，完全不需放糖。

像這樣的好東西，台灣原生種，可遇而不可求，就是勤走踏菜市場，最好的邂逅了。

從日常青蔥說起

台北內湖湖光市場

日常我最喜歡到湖光市場口，清晨七點半，向一位從越南嫁來內湖，推著小車籃出來賣菜的年輕女孩買蔥……。看她在馬路口照應自己青菜的神情安安穩穩，人如其菜、菜如其人，就猜測她離家千萬里的異國婚姻平靜順當。

關於蔥，我並沒有非三星蔥不可的迷思，一如珠蔥，我也沒有新店或烏來方是珠蔥最甜美之產地的思維，當然，三星蔥生長在雪山山腳下，承受著沖積扇平原的山嵐霧氣與良好排水，得天獨厚所以蔥白長、葉肉厚，對於一日料理不可無蔥的我來說，三星蔥漂亮又香辛，湯品或肉排需要爆香時，兩株即滿室飄香，三星蔥極好，但正因為日日貪蔥，所以，若能有就近小農可經常性的供應我新鮮青蔥，那麼，不是蘭陽一號品種沒關係，蔥，只要它無農藥和化肥殘留之慮，葉身還裹著一層蠟質是之謂新鮮出土，即為我心中的一把好蔥。

蔥最早來自西伯利亞，可說是人類最古老的蔬菜之一，其株體的硫化物成分可去腥解寒，造物者讓蔥葉片表面有一層蠟質以減少水分蒸發、耐乾旱，而蔥究竟有多好用呢？相傳神農氏發現蔥以後，就把它在日常膳食裡大量使用於各種菜餚以調味增香，後人因此把這多年生草本植物「蔥」取了個雅號叫「和事草」。

而我可能比神農氏更依賴蔥了。舉凡菜脯蛋、肉絲炒飯、各式排骨湯、蒸魚、紅燒肉、炒高麗菜，都因為蔥白與蔥葉的潔瑩和翠綠交錯而生色不少，蔥「辛中生甜」的特別氣味，使菜餚不單調無聊。所以我的冰箱裡，永遠有青蔥。

日常我最喜歡到湖光市場口，清晨七點半，向一位從越南嫁來內湖，推著小車籃出來賣菜的年輕女孩買蔥，這越南女子笑容羞赧輕甜，她不僅蔥種得好，其豆薯脆、珠蔥美、紫蘇紅、香椿綠，量少細緻，都是天然逸品。看她在馬路口照應自己青菜的神情安安穩穩，人如其菜、菜如其人，就猜測她離家千萬里的異國婚姻平靜順當。

女孩說，婆婆平常在家種菜自娛，她為排遣育兒時光，所以跟婆婆討了一小塊空地，依她從小在越南家鄉就會的農事技術，種多樣少量、無農藥使用的青菜，來市場口找位子做小生意，一趟出來賣個三、五百塊總是有的，也學會了逢警察來就快跑，賣菜收入皆歸她私房所有，是她在異鄉獲得經濟獨立感的重要依據。

她說話仍帶鄉音，然遣詞用字已流暢無礙，我說這豆薯很陌生，可怎麼煮好呢？你們在越南吃豆薯嗎？你種這豆薯，挺冷門的，有人買嗎？

女孩教我把豆薯去薄皮、切成適口的丁狀，可與排骨、香菇一起煮成鹹湯，或是剉成絲狀和蛋皮一起炒，也可和糖水薑片一起煮成甜湯。賣不完的豆薯，她就切塊冷凍起來自己吃，在越南娘家，她媽媽最愛吃的就是豆薯。這塊根得種好幾個月才能收成，想來女孩在內湖山坡邊，清晨巡田抓蟲時，這滴在豆薯泥地上的汗珠，是她思念母親的玉露。

聽她說話婉轉輕柔，臉容浮著小酒窩，經常找她買蔥、買紅肉火龍果和波羅蜜，就是獻上我真心的祝福。孩子這六年來在學校曾和幾十位外籍配偶生的小朋友有緣同班，內湖外籍配偶多，她們帶著簡單的行李，揮別家人，遠渡重洋，今生決意和一個並不熟悉的男人守住他鄉一間小房子，自此他鄉不再是他鄉。這命運流轉的勇氣，都灌溉到湖光市場這越南女孩的一畝小田了。

在湖光市場做生意的越南女孩不只種蔥的這一位，還有一位手腳伶俐地賣土雞肉，更能幹的，有個白皙窈窕嬌小的女孩，嫁來內湖後生了兩個孩子，前三年她先是在路邊攤賣便宜流行服飾，五分埔批貨和跑警察都難不倒她，等存到一筆小錢後，不想再躲警察罰單的女孩跑去上課學指甲美容和修眉、種睫毛，接著在湖光市場邊跟商家分租個死巷底的三坪鐵皮屋，請朋友畫張簡單的海報，就開始轉型做指甲睫毛的生意。

我讓她幫我修過幾次眉毛，店裡小巧簡單乾淨，沒有什麼粉紅裝飾物，收費較一般店少三成，許多女人下班後跑來她這兒做指甲、聊聊天、有個生活喘息的出口，若沒有事先電話預約，幾乎等不到她有空，一步一腳印，十七歲敢嫁來他鄉的勇

氣，也成就了她在台北菜市場邊創業的霸氣，這些嬌小但努力生活的新嫁娘，為湖光市場暈染上一層異國女性的堅強光影。

湖光市場自民國五十七年創立至今，是內湖地區歷史最悠久的攤販集中場，許多謀生者於此營生已交棒到第三代。市場在成功路四段二十三巷分兩個入口，一是內湖里、一為紫星里。市場內可買到名豐豆廠做的新鮮豆腐豆漿豆包；有兩個年輕人在這裡每天專賣台南虱目魚皮、虱目魚肚和魚腸，殺魚剖工流暢了得；有對夫妻每天破曉時分穿過雪隧，從宜蘭家鄉載來各種新鮮蔬菜和鴨肝鴨賞，我最期待她家的青花筍和紫蘆筍花，還有用稻稈包束的芫荽柔嫩如小羊皮，也是我的心頭好。

如果想吃本地花椰菜、山藥、橘子或木瓜，週三和週六我就去市場的巷口找一位永遠戴著斗笠和穿著雨鞋的七十歲阿姨買菜，她蹲在湖光市場賣菜已四十幾年，種菜之地就在離菜市場走路十五分鐘距離的山上。她種的菜完整呈現了台灣時令氣候的遞迭，菜蟲咬得密密麻麻的洞，綠花椰每朵都小巧堅硬，野山藥長得歪七扭八，賣相從來不佳，但吃進嘴裡的每一口，都綿綿密密，讓孩子丈夫驚喜。菜好不好吃，只有吃了才知道，光看外表是不準的。

老菜市場必然有在地人才知曉的道地小吃，我日日在此穿梭，腦中自也繪製一張小美食圖，遇有婦人好友來內湖相聚，我總會問，你是想去學學文創吃文藝餐、喝蔡明亮咖啡呢，還是想去湖光菜市場吃客家人做的芋頭艾草粿？小店門口現做的四十年肉圓？高湯清鮮且附上辣榨菜的豬腸冬粉？還是要吃領號碼牌才排得到的蔥燒小餅？

呵，毫無疑問，答案都是，今天不喝咖啡，趕快帶我去湖光市場吃吃喝喝吧。

湖光市場：台北市康寧路一段三十三巷內及成功路四段二十巷內，近捷運內湖站。

七十歲阿姨最自豪的，是她的地瓜葉。葉肉厚、莖梗嫩，汆燙拌XO醬配地瓜稀飯，最好。

湖光市場小美食圖

肉圓店：台北市成功路四段二十六號

四十年歷史，每天早上八九點開店現場手做，每一顆肉圓都皮薄餡多，薄皮外圍還細心的塗上一層在來米漿使其Q嫩，溫體黑豬肉與筍絲是傳統的台灣味，先蒸再過油，內餡慷慨量足，再配一碗味噌湯，早餐午餐用皆宜。

鼎鼎燒餅：台北市成功路四段三十巷二號

每天早上六點營業，一天約賣出一千五百個，每種口味燒餅皆十二元，此烤餅大約直徑六公分、厚約一點五公分，一家人分工妥善負責，小店鋪的工作台永遠整潔明淨。

漂亮頎長的三星蔥一大把現場洗得乾乾淨淨，手工揉製麵團扎實酥密，進烤箱的十五分鐘裡還得不停調整燒餅位子，使其受熱均勻。趁熱吃，只需蔥、麵粉和手工，即造就出食物了。

自己種蔥

學會自己種蔥，這樣逢颱風季，蔥價飆到一斤兩百元的時候，就不需望蔥興嘆了。

一般的粉蔥，在自家小陽台使用培養土即可種植，只要把帶根鬚和莖管約五公分的蔥白，插入土中，初期不需澆太多水、保持泥土的溼潤就好，一週內就會長出新的分株與蔥管，很容易就可體驗自己種蔥的農事樂趣。

採摘時用剪刀剪下蔥管，蔥白繼續留著，約可採收一個月。

煮飯人的搜奇殿堂
台北濱江市場

認真煮飯煮了十多年、有時難免失去些靈感或想像，當鍋鏟低潮來襲時我便會想，不如去濱江果菜市場走走吧，也許會比翻翻食譜書更靈現具體多了。

想品嚐初春大直徑的烤白蘆筍嗎？想煮煮看新鮮的土當歸葉雞湯麼？聽說新品種花椰菜有寶紫色和金黃色的呢，可得上哪兒去找？還有新鮮的草菇、嫩茸茸的秋葵、小而香的土芒果、美麗又清甜的蘆筍花，這些菜市場平常不那麼易見的果蔬，偶而在我這婦人心裡轉啊轉的。

認真煮飯煮了十多年、有時難免失去些靈感或想像，當鍋鏟低潮來襲時我便會想，不如去濱江果菜市場走走吧，也許會比翻翻食譜書更靈現具體多了。

煮飯的源頭，永遠是從一塊肉、一片葉子、一粒米、一抹鹽開始，一尾失去彈性的海蝦、一把化肥快速種收的葉菜，即使是廚神有鹽之花可灑下，也不會好吃。說到底，食材是根本。

而濱江市場每天囊括全台品質最高的蔬果於此批發零售，儼然是煮飯人的搜奇殿堂，它似個綠色大獸，一天可吞吐二千公噸蔬果的交易量，共聚集一百五十個零售攤位，許多餐廳廚師日日於此鷹眼穿梭、找尋最鮮的貨色，不論什麼季節，它從來不曾讓我失望，我總是可以在這棋盤式走道、迷宮似的市場來回踏巡裡，循線到節氣的呼喚，摸觸到全台各地珍稀食材的新出土。

濱江市場自有它一股特有的、混雜不清的、溼濘的、類似底層的微妙氣息在空氣中流動著，光線不夠明亮、陳列也不講究，有的老闆默默地蹲在攤子後，削著那堆積如山的芋頭，一刀一刀快速流利地還原芋頭本質那潔白的肉身帶紫紋美麗。還有個肌肉精實的老闆，總是梳著光光亮亮的整齊油頭，安安靜靜地坐在小板凳上削他的玉米粒，其販賣的玉米品種有白有黃有紫，有糯玉米、水果玉米、甜玉米，他固執只賣玉米，那座堆得高高的玉米攤子，早已是濱江市場的入口指標了。

我在濱江市場（正式名稱是台北市第二果菜批發市場）出沒已十多年，就像築地魚市一樣，它占地面積大卻繁華有序，產地直送的蔬果一車一車駛進來，滿載農友們對收成有個批發好價錢的盼望，市場裡的每一顆瓜果、每一株菜葉、每一個塊莖，精精壯壯，皆釋放出強盛的生命能量，各種型態的消費者背著購物袋群聚於此、流連再三，內行的看門道，外行的在這裡也能看熱鬧，整體性樂趣十足。

可別誤以為果菜批發市場是大廚和中盤批發業者的專屬地，即使只料理一人份、秤個八兩的秋葵，這兒也伸手歡迎。它每天從淩晨三點開始批發競標的業務，果菜一簍又一簍，經過整夜燈火通明的喊價，待黎明破曉，位於一樓的攤位約莫清晨七、八點，也展開零售的生意。第二果菜批發市場的當日交易價格，透過電腦連線、深深影響全台各地的蔬果市價，而各地最豐、最美、最鮮的蔬菜水果都運輸到這裡，就是因為此處聚集了大台北饕客與各種型態的餐廳業者，好東西來臺北，最有機會賣好價錢。

半夜專營批發業務，而一樓攤位的白天生意，則零散如半斤一斤、或大量如成箱成簍皆可。像我這樣為四口小家庭買菜做飯的婦人，濱江果菜市場的魅力不在於價錢（它確實比住家附近的傳統市場，售價便宜一到兩成），它的可愛，在於它總有出其不意的新品種露面試水溫、等待愛吃的台北人垂愛發現給口碑。高檔餐廳透過媒體報導讓人垂涎萬分的貴氣料理，如每年春夏之交、米其林大廚受邀來台，一份白蘆筍套餐動輒新台幣五千、萬元起跳還訂不到位，我便任性想，自己的原味煮食技藝應該不輸米其林一星、兩星太多吧，只要季節掌握對了，走一趟濱江果菜市場，花兩三百塊錢，即可買到兩三斤不需坐飛機遠途跋涉、比起進口更新鮮、也一樣厚挺細甜的本地白蘆筍回去實做料理，全家人一起在角落點幾盞香氛燭火、拿刀叉、擺上白瓷盤，即可溫慢享受媽媽牌米其林的台灣白蘆筍料理。歐洲進口白蘆筍一公斤要好幾千塊錢，識貨者逛濱江市場買新鮮台灣白蘆筍，連續兩年一斤只賣一百五十元左右，坐計程車來都值得，還省去遠程飛機排放的碳足跡。

攤位上陳列了少見的金黃色、紫色和螺旋狀花椰菜，令人驚喜，是日常料理的洋風變化。

去年夏天某個週末，我才剛踏入濱江市場，空氣鬧哄哄的滿溢假日的蓬勃感，眼前突然出現一對中年夫妻的背影好熟悉，男人的直髮略長有些發白了、背有點駝，太太戴副眼鏡、手腳還非常健落，他們兩人肩上除了各背著沉甸甸的購物袋，手上也提滿大包小包的，看起來是還沒買夠、仍在梭巡討論各攤子的種種，一望即知這對伴侶是濱江市場的熟門熟路。

雖然從未相識，但只需三秒鐘凝睇那背影，我隨即認出眼前這對夫妻是集旅行家、美食家、創業家、小說家、散文家於一身的詹宏志和王宣一，兩人已扛了十斤以上的菜了還不肯收手，狀甚怡然享受、又專業嚴謹。大概買菜提菜對他們而言，從來就不是苦力吧。

我望著這對文人夫妻逐漸隱沒在果菜市場的人群裡，想起詹宏志曾有一篇文章寫到他在北海道漫天雪地中與野獸的偶然邂逅、氣氛寧靜而動人，北方雪國的山中木屋他還意外吃到了山莊職員從山下補給、冒著風雪一步一步背上山的生魚片，那一刻的生魚片滋味，已超脫了鮮或不鮮，而是日本職人的工作精神，帶給台灣旅行者強烈的震撼與刻印。也還記得王宣一在《國宴與家宴》這本書裡，對家傳紅燒牛肉的究極與思母情意。

不想此刻倍受敬重的兩位作家竟從鉛字裡走出來，出現在這庶民活絡的批發菜市場。雖然他們已不復年輕力盛，且事業卓然，卻依然自己背負果菜採購大包小包，這世上還能有比這更真實更具體的文人背影麼，那可要多麼的愛吃、懂吃、惜吃、且愛自己、愛朋友，才能有這般自在的菜市場夫妻背影。

直到目送他們走遠，我才挽起丈夫的手，繼續我在濱江市場的旅程。

是以這果菜批發市場不僅屬於專業廚師，也是文人的宴客獵場，亦是尋常婦人我找靈感的地方。每逢農曆年前若開車帶婆婆和母親來這兒人山人海摩肩擦踵大採購，市場內目不暇給的各種果菜和市場外幾百攤的海鮮雞鴨豬牛羊肉，便逗得兩位七十多歲的老人家笑呵呵，女人不管活到什麼年紀，凡能出門掏錢逛街買東西都心情亢奮，在菜市場亦然。

而今日我在濱江市場的獵奇物是，慈菇。

做買賣終究是有文宣好，否則匆匆走過這攤位，我也不認得這長得有點兒像蒜頭、卻還溼濘濘的球狀是何物，恐怕也就錯過了。老闆手寫了個牌子推薦這菜蔬，大大的字寫著「慈菇。清肺解毒，蔥燒、燉、炒，非常好吃。一斤四十。三斤一百。」我被老闆推薦的手法吸引了，停下腳步仔細看，其實是個很有趣的攤子啊，除了慈菇，還有新鮮的冬蟲夏草，和煮排骨湯好吃的花蓮黃金薯，那當令韭菜花的旁邊，還有立牌寫著「阿里山櫛瓜，煎煮炒烤炸」，是少見鮮黃色的夏南瓜啊，這陣子我喜歡把夏南瓜切丁拿來和爆香的櫻花蝦一起炒飯。

帶著好奇心與想像力去菜市場，
就不會錯過有清肺解毒功能的慈菇了。

孩子問我這像栗子又像蒜球的，是什麼呢？我說是慈菇喲。

她馬上回答，喔，原來長這模樣，媽我告訴你，小說和電影《飢餓遊戲》的女主角珍妮佛勞倫斯，就叫做 Katniss，凱特妮絲，和印地安話慈菇的發音很像呢。

沒想到西方暢銷青少年小說，可讓孩子學到一種菜蔬的英文單字，慈菇就這樣進入她的心裡。

小時候舅舅會從田邊摘些野生的慈菇來我們家加菜，慈菇葉子的開叉形狀長的像剪刀，又叫做「燕尾草」。因為有很豐富的澱粉質和醣類，乾燥以後耐貯存，所以又俗稱「救荒本草」，係多年生的水生草，乃台灣水田主要的雜草之一，雖說是野草類，但《本草綱目》說它可解百毒、有退火之功效，低海拔的沼澤、池塘皆可見其生命，不勞人照顧，還解毒、美味、更供飽足，這豈不是上蒼賜給人類的禮物麼。

慈菇買回家以後，料理前得先削去它的頂芽和外皮，它久煮不爛、口感鬆軟，紅燒方式吃起來有點兒像馬鈴薯，若炒瘦肉片，則清脆爽口，是一個隨和、不刁難手藝的食材。

我又在一個專賣辣椒和大白菜的攤位上，看見一種黃澄澄的小條辣椒，立牌上寫了「魔鬼椒」，來自中部山區。我問老闆娘這辣椒可是怎麼魔鬼法，老闆娘興致很好的介紹，此乃印度鬼椒的變化種，辣度大概有二十七萬度呢！

聽起來好嚇人啊，二十七萬度！可能比雞心椒還辣她說！墨西哥餐廳最喜歡找她進這種辣椒。

魔鬼椒一斤賣五十元，我想挑十幾根回家試驗，秤重後卻只要九塊錢，便宜到讓人難為情，辣椒阿姨還直說沒關係沒關係。我將它切碎以後，揉合在蒜頭醬油裡做高麗菜絞肉水餃的沾醬，辣度很夠，然一點兒也不嗆，順口，新鮮有香氣。只有在濱江市場，才能經常性遇到這樣稀奇、量少、隨意帶來飲食變化的食材。

家裡的廚房儘管小，做飯掌鑊還是希望擁有層層疊疊的樂趣，今天依舊沒有找到聽說油炸好吃的夏南瓜花，但這些蕈菇、魔鬼椒、黃金薯、草菇、秋葵、深海胭脂蝦、澎湖石蚵，足已讓我樂得笑呵呵，將是好幾日美妙的飲食時光了。

濱江果菜批發市場：台北市民族東路三三六號

古印第安人馴化了辣椒，
這一年生草本因果皮含辣椒素而有辣味，色美辛香，可增進食慾。

永遠和農民站在一起了

新北新店碧潭農夫市集

逛農夫市集，對我來說，無異是結合了旅行的況味、血拼的快感、口腹的慾望和對農友直接購買的誠懇心意，既物質又精神，既感官又靈魂……

前幾年東京旅遊，我特地跑到代代木公園去逛農夫市集，這座相鄰明治神宮的公園，銀杏樹高聳參天，秋天的風在空曠的草地上冷冷吹旋，我們全家人在異鄉的市集買了兩罐啤酒、有機生菜沙拉、豆乳、一顆哈密瓜、一小份蔬菜咖哩，就這樣席地吃將起來。嗜食如我，也許會忘記中野的路徑上那楓紅的姿影，但真不能忘懷在這異旅的市集、我們飲食過什麼葉什麼果，喔，還有市集旁小館子的瀨戶內海季節限定炸牡蠣。

逛農夫市集，對我來說，無異是結合了旅行的況味、血拼的快感、口腹的慾望和對農友直接購買的誠懇心意，既物質又精神，既感官又靈魂。這幾年台灣由南到北，各地假日都有小農市集的活動，即連雪霸國家公園、向天湖等海拔高處，也有原住民部落市集可參訪，我因此而擴展了更多本島旅行的支線。不喜歡人擠人的賞花車潮，不喜歡遊樂場的驚囂人工刺激，不喜歡矗立在山巒上的歐洲城堡風所謂最美麗的民宿；逛完當地市集以後，我們喜歡找一家老店吃午飯，買一盒歷史悠久的當地甜點，然後，如果彼方有獨立書店的話，我們再去逛逛買幾本也許冷門曾經被錯過的書。

因為想法是這樣的盡量貼近當地，逛農夫市集便不再是一個孤單的行程，把行腳

從小農市集往外延伸到周遭的山地、公園、老街與舊書店，一次又一次，我逐漸感覺，跟農夫直接買，就是展現婦人影響社會的一股力量，就是站在農民的這一邊了。

今天早上，丈夫四點即摸黑出門到宜蘭，參加追風噶瑪蘭、騎自行車一百公里比賽。他去玩了，得等到黃昏，這男人才會一身大汗已被風吹乾的、渾身曬得黑烏烏返家。而我也想出去玩。一個人去哪兒玩好呢。

吃完早餐，我和孩子們聊了報紙一則新聞，是獨立歌手陳綺貞最近發行電子音樂專輯，新歌係以詩人周夢蝶為創作主題，陳綺貞因此與九十二歲詩人相見歡。只見素顏女歌手身邊的老者，依然瘦長如鶴，寫孤獨國的他，凹陷的眼頰，不改清癯安然，就像他的瘦金體真跡一樣。

而我的孩子這一代人，如何能夠只知道哈利波特和佛地魔，卻無識周夢蝶的詩呢。我告訴孩子們，詩人在明星咖啡館前書攤二十一年的孤絕文人風景，非常深層刻劃在當時文青的心靈，等過幾年你們長大了，可得讀讀看《還魂草》啊。

聊了一點兒詩，然後再口頭指導孩子怎麼煮她們的兩人份午餐，我便背上大購物袋，獨自出門到新店碧潭的農夫市集去晃晃。

碧潭鄰近烏來山區，根據烏來區公所的資料，此地至今僅群聚一千多戶數泰雅族人，整個烏來山區皆屬雪山山脈板岩系山塊範圍，峽谷、斷崖、瀑布的錯落分布，所以植生豐盛、大大有利鳥類與哺乳類動物的孳育，福山的哈盆地區甚至被稱為「台灣的亞馬遜」，可見烏來的地景風土之饒庶滋養。

而原住民「就地取材」的料理精神，多年來一直深深感動著我。他們彷若是天地間一種最文明最溫柔的獸，月光下喝小米酒、用石頭烤魚煮湯，向大自然取材、親手編織的竹簍掛在背後就是打獵捕魚載物的好夥伴（於是放肆使用塑膠袋容器的我們，顯得多麼嗆俗），我模仿他們吃溪澗邊的蕨類如過貓和山蘇，他們吟哦唱歌如此沉沉動聽，其圖騰、織物，無一不美。於是我猜想，碧潭的農夫市集，必然會有泰雅族的農事蔬菜魅影，足以讓我們城裡人垂涎、膜拜、採買吧。

果真碧潭農夫市集，擺設攤位雖僅十多戶，但吃喝冰熱生鮮都有，五臟俱全，目前是我所遊訪過私以為最美的本土市集所在。據聞碧潭在日治時期，一九二七年這是蛇瓜，據說是因為它長得像臭青母故得名。
不去皮，與蒜頭一起清炒，即甘味帶脆，好吃。

曾被選為台灣的八景十二勝，一百多年前新店溪兩岸自上游到中游，就開始有了九個渡口渡船的經營，一九三七年碧潭吊橋正式成為兩岸之間的交通路徑，時至今日，寬闊河面上小艇、遊船的租借，不再是前人的交易往來工具，已然成為觀光客到碧潭一遊、拍照娛興的載具。

烏來的泰雅農民，真的下山來這市集做小生意了。

我先買了兩個來自桃園龍德米庄所做的純米碗粿。此米庄活躍於好幾處的市集，他們以自然農法種稻米、自米自賣，我尤其愛他們的碗粿，對台北人來說，傳統純米製作的碗粿非常難尋，到處是速食店、泡沫飲料店，西式烘焙麵包糕點更是城裡的飲食潮流，而我其實更想吃童年路邊小攤車的小玻璃櫃打開，那一碗一碗的白色碗粿，只要淋上一點醬油，菜脯丁鹹鹹脆脆，七、八歲的我，吃了只覺飽足而舒甘。那時我對食物尚不會使用任何形容詞，但當時我確實殷殷巴望著，早餐來一碗碗粿吧。

越過龍德米庄的攤子，往前走幾步，我看到一位泰雅婦女在守攤。不得了，攤子上寫著「馬告」，可是新鮮馬告嗎？我馬上撲向前去。

是的，這回不再只是馬告香腸而已，這回我可是遇到了新鮮馬告。泰雅阿姨打開馬告的小玻璃罐讓我嗅聞其味，一股沉穩濃郁的檸檬香瞬間撲鼻而來，芳味典雅清新，更勝於大剌剌的花椒。阿姨告訴我，馬告放冰箱冷凍可保存長達好幾年，可是我不需要這麼久的保存期啊，這麼美麗的味道，我很快就可以把它用盡。蒸魚、煮雞湯、炒馬鈴薯丁肉末、煎熟成豬排，我都可以用馬告使我的肉料理帶著山的神聖植物的馨芬。所以，我如何能不仰慕原住民的料理藝術呢。

泰雅阿姨還在現場煮了一小鍋有段木香菇、醃脆瓜、紫蘇梅和馬告的土雞湯，一碗熱湯只要五十元，我感覺今日與她的緣分很舒服，遂當場買了一碗，萍水相逢，喝老人家這一碗湯，靠的是人世間善美的偶然一遇。

這湯清清楚楚有肉有菜還有泰雅阿姨的手藝，我端著它坐在碧潭邊的大傘下，一口烤地瓜、一口碗粿、一口雞湯交替著吃，人們在這裡遛狗、騎自行車、跑步、買菜、走吊橋看河景，我已買了滿滿一袋這山區的珠蔥、敏豆、高麗菜、高麗菜苗、芥藍花、胡蘿蔔、山蘇、過貓、箭筍、皺葉萵苣、芫荽、山茼蒿、櫻桃蘿蔔、醃紫蘇梅和花椰菜乾，足夠一家子吃好幾天了。

我扛了這幾斤的菜坐捷運、換公車，再又嘿唷嘿唷地走上山回家，馬蹄甲花朵此刻開得正燦盛，想年輕的時候，我最愛收集銀耳環和各種版型的絲綢混卡斯米亞單色長背心，甚至我還迷過一陣子西班牙手作琺瑯耳環，做成玫瑰花的長墜子，襯我的頸修長纖細。

如今，買菜扛菜洗菜煮菜，卻帶給我如同當年耳垂墜掛著耳環的歡喜，物事的轉換，婦人的心接近了社會的農物階層。它們是我吃下肚子裡的收藏。

維繫生命的食物來自農民，我們依附農民的勞作而生，我想，這些年我到農夫市集和農友的面對面請益，我在向天湖、三芝、淡水河邊、碧潭、台中、宜蘭、花蓮、台東、四四南村，或是家附近的五指山小農，跟他們直接買，我的心意很清楚，我永遠和農民站在一起了。

附註：

農夫市集的週日活動一直在擴充中，如您想知道家鄉附近何處有市集可逛，建議可參訪以下網站：Academy.coa.gov.tw 這是農民學院官網首頁，在首頁上點選「找通路」，進去以後，再點選「農民市集」分類，即可找到全台灣最即時的各地農夫市集資訊。

新店碧潭農夫市集：新北市新店碧潭吊橋下河堤邊，近捷運新店站。

前進市集，煮飯即有意趣。

泰雅阿姨身後的潭水碧綠，小船輕輕滑過，像這樣環境潔闊、山水朗朗的農夫市集，使得買菜這件事，細緻、風雅、好食、並充滿旅行的不期而遇之樂。這種不是進口超市雪櫃的冰冷無語賣場可擁有的人味，加上第一手的料理技藝，農人永遠樂於給我們。前進市集，煮飯即有意趣。

波蘭酸麵包和梅乾菜醬

台北碧湖茶屋小市集

不考慮市場的潮流與接受性，有接到客人的訂單再去揉麵團，
不一定要很快就賺很多錢，執著、默默地生產自己家鄉味道的真食物，
總是會有人懂得欣賞並覺得好吃吧。這波蘭男子必是這麼傻氣想的。

碧湖邊新開了一家日式風格的茶屋餐廳，一整片的榻榻米席位和長排褐色木窗，透露出空間的低微平靜感，門口種植一棵台灣原生種珊瑚樹，湖邊的鳥飛和清風微微，使這間茶屋特有自然氣息。逢週六日早上，茶屋還提供場地讓來自全台各地的農夫，運來新鮮收成的自然農法蔬菜擺攤販賣，糙米、結菜、地瓜葉、龍葵、南瓜、紅A菜心，一個個在木箱上，陳列得漂漂亮亮的，一望即知是倍受農人疼愛的作物。如此低調不張揚的所在，甫開幕即吸引了不少雅客，願這幽靜的茶屋能開得久久。

在湖邊買菜的意象很吸引我，且這小小市集離家不遠，一個月內我來逛了兩次，除了葉菜和日曬米，我還買了一個波蘭年輕男子親手做的家鄉酸麵包，這瘦長歐洲男人娶了個台灣女子於此亞熱帶海島成家立業，他一雙手勤勞踏實，做出純粹的麵包、再以本地當令水果做果醬，來養家並照育小孩。

此酸麵包的風味非常獨特，酸勁強烈且需要咀嚼，丈夫吃了大喜，不是市面上討好大眾口味那種又香又軟內餡噴漿的熱門烘焙物，酸麵包個性清楚、咬勁十足、

麥味本然、吃了難忘，台灣太太用簡單文字介紹她丈夫的手作食品：

使用全麥麵粉，長時間發酵的酸麵團帶出麵包的天然甘味。經過多次手甩麵團將空氣包入，所以即使外皮脆硬、裡頭卻溼軟有嚼勁。適合作三明治或抹上自己喜歡的醬。單吃則如黑咖啡般風味的麥酸味。

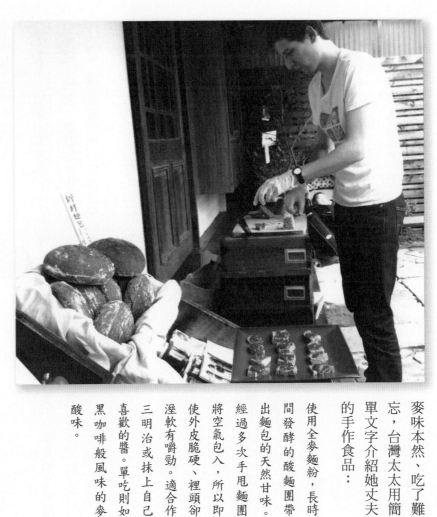

這黑咖啡的形容詞用得好，我每天喝黑咖啡，因此很能感受這波蘭酸麵包的樸素內裡。

不考慮市場的潮流與接受性，有接到客人的訂單再去揉麵團，不一定要很快就賺很多錢，執著、默默地生產自己家鄉味道的真食物，總是會有人懂得欣賞並覺得好吃吧。這波蘭男子必是這麼傻氣想的。

茶屋小市集還賣手工製作的梅乾菜醬。

我對於任何客家料理都好奇，早先聽過用梅乾菜做麵條呢，卻不知還有梅乾菜醬這一物。以為梅乾菜只能是曬乾以後的一小捆一小捆，鹽巴似乎結晶都入了菜的肌理。我拿起眼前這溼潤的黑黑一小罐，這醬可以做什麼變化呢。

我知道梅乾菜係來自冬日大芥菜的厚大葉片，經過日曬、鹽醃漬、清洗、再日曬到發酵、反覆施做至完全乾燥，拿來爌肉、煮排骨湯或蒸肉餅最好。

而梅乾菜醬比梅乾菜更味濃而方便，拿來拌青菜或白飯最適宜。這不正是婦人下廚的好夥伴麼，我買回家依市集的建議試了兩手，感覺冬天朗朗的陽光，都被這一匙曬過的大芥菜，給收藏了起來。

碧湖茶屋小市集：台北市內湖路二段一〇三巷三十八號，原名珊瑚市集。

自己做梅乾菜醬

材料：

乾或溼的梅乾菜三球、大蒜拍碎、乾香菇數朵泡軟三十分鐘後切絲、糖少許、醬油視情況調味

作法：

❶ 先將梅乾菜用清水浸泡二十分鐘，再沖冷水來滌淨沙子和過鹹的鹽分。

❷ 將梅乾菜切碎切細。

❸ 起油鍋轉中小火，將碎蒜仁爆香以後續炒香菇絲（也倒入浸泡香菇的水）約五分鐘。

❹ 倒入梅乾菜絲一起拌炒，鍋子若太乾可加一點水。

❺ 十分鐘後，加點糖或蜂蜜，然後一匙一匙慢慢下醬油，下手勿太重，因為梅乾菜本身已有鹹味。

❻ 喜歡醬汁多的人，就多加點水和醬油來燜煮，喜歡口感較乾爽的人則請將水和醬油煮收乾些。

附註：

拌麵或拌飯時，個人以為梅乾菜醬加熱過，會更好吃。

梅乾菜醬拌荷包蛋飯

這是最下飯、最容易做的熱呼呼家常早餐。再配一碗竹筍清湯或是無糖豆漿，大大滿足。

材料：

本土蒜頭、白米飯、豬油（或鴨油、鵝油、橄欖油亦可）、梅乾菜醬、雞蛋

作法：

❶ 煮好一碗熱騰騰的白米飯，鋪上切細的蒜頭。

❷ 大火熱油鍋以後，轉中小火，煎一顆熟度依自己喜愛的荷包蛋。

❸ 將荷包蛋放在蒜頭白飯上，淋上一小匙豬油。碗側荷包蛋旁邊，放一小匙梅乾菜醬。

菜肉魚的美麗地
宜蘭羅東民生市場

坐在市場內吃碗熱熱甜甜的傳統味紅豆湯圓，
抱著蕗蕎、白帶魚、甜蝦、芋頭、珠蔥、小菜苗等戰利品離開市場，
再轉往林場吃一碗不負盛名的鮮美肉羹。不需要護照和出境，外縣市的傳統菜市場，
即讓我充滿了旅行、探未知世界的心情。

過了雪隧或北宜公路九彎十八拐，不論天氣晴陽或陰翳，蘭陽平原總是驀地在隧道與山路之後，帶來一種「豁然開朗」的視野衝擊，稻田翻浪、碧蔥頎長，旅人們在這裡尋梭一處又一處自己的天地。有人到礁溪去泡溫泉，有人到頭城去吃定置漁網的生猛海鮮，有人到豆腐峽去看日落，有人到南澳健走泰雅的古道，或者到雙連埤去看山中蔥地，到三星去吃古早味卜肉。宜蘭的地景，山與海的交融，漁港與農田的交錯，這般織就了此地飲食富庶之美。

而最吸引我一再回訪的，非夏日冷泉、非盛暑出海賞鯨，非冬日泡美人湯、亦非櫻楓一片的棲蘭山莊，而是羅東鎮民生路上的民生市場。

羅東鎮南鄰冬山、北接蘭陽溪，東邊是五結、西邊連著三星鄉，它是宜蘭縣的商業中心，也是台灣本島面積最小的鄉鎮市，在未開發前它曾有很多野生猴子群聚於山林中，當地的噶瑪蘭族稱呼猴子是 Roton（音似老懂），及至清朝時漢人開墾蘭陽平原，便沿用 Roton 發音而稱為「羅東」。

歲月流逝，羅東林場如今已沒落、改造成文化園區，遊客在這裡踏著舊時鐵軌、

羅東林場文化園區內的竹林車站

攀上老火車遙想當年，野猴子不再隨處可見，羅東亦已發展成人口密度相當高的興隆小鎮，據說民生市場是宜蘭縣溪南地區最重要的菜市場，也是宜蘭縣內規模最大的傳統市集。回溯民生市場現址的歷史，約近百年前，此處可是日治時代「台北州羅東郡羅東尋常高等小學校」，所謂「小學校」，係指入學資格必須為八至十四歲的日籍學童或通日語的台籍學童，因此，全校幾乎百分之九十九的學生是在台的日本孩子，戰後廢校，幾經更迭，現在已發展成魚、肉、菜都豐盛新鮮的民生市場，室內室外，幾百處的攤商連綿沸騰，小農與職業菜販，一起在這裡陳列出今天最漂亮的貨色來吸引料理人的目光。真要仔細逛，什麼都問、什麼都摸、什麼都端詳，恐怕要一兩個小時才能走完。

從糕渣與西魯肉的濃郁層次變化，即可了解到此地人民在取材上的多樣與廚事做工的細緻，貧瘠之地可做不來這樣的民間小吃哪。是以宜蘭各地菜市場的鬧熱精采，無庸置疑。

每當從台北到羅東逛民生市場，車廂必準備好保冰的保麗龍箱，出發時總是像小學生去遠足般地興奮期待，並且從不曾失望而返，每一趟皆滿載而歸，冰箱盈盈、在家裡大肆饗火好幾天猶欲罷不能。蘭陽的鴨間稻米、溫泉絲瓜、茶葉、櫻桃鴨的飼養、黑豬肉的供應、海鮮的地利之便，無一不名聲響亮，這是在台北很難一次購足的買菜經驗，一切直接來自產地，最短的碳足跡，最新鮮的料理珍寶，露珠還在菜葉上滾動著，魚鱗閃閃發光揚動著海洋的氣味，此地此刻人們清醒了，因為民生菜市場是這麼地勁猛。

最令我歡喜的，是在這裡買魚的生動事件。宜蘭有烏石、蘇澳、壯圍、南方澳等漁港每天漁船返航載回各種季節魚汛的佳音，使我這台北人一入此肆便難以自拔。我尤其記得在這裡，跟一個二十七、八歲年輕小夥子買白帶魚的故事。

白帶魚在台灣各地市場一年四季皆很常見，魚肉細軟帶清淡的甜味，價格在海魚類來說算是平實，這幾年因為中國大陸內地的搶先收購，售價有略微上揚的趨勢，但整體來說，在台北一斤約莫售一百八十元左右，和動輒一斤四、五百元的土魠或蘇眉或大白鯧比起來，白帶魚是庶民人家的實惠選擇之一。

我並不特別迷戀白帶魚一定要四指或五指寬才會好吃，雖然事實確是如此，但越是寬厚大尾的白帶魚、其售價就越高，而三指寬左右的中小型白帶魚，只要小火、具備耐心，花二十分鐘將牠煎到赤酥帶點褐色，一樣細緻可口、回味無窮，背鰭煎到焦酥，吃起來可比什麼餅乾都香！因此，我對白帶魚的選購尺寸是開放的，但對白帶魚的鮮度標準卻絕無寬貸。

白帶魚之美在於牠通體的銀亮如鏡，銀到發白、銀到會閃、銀到鑽石放在牠身旁也光芒盡失，那就是新鮮現流的白帶，是我採買白帶魚的唯一準則。如果白帶魚已被刮去銀粉、看不出鮮度，判斷不出是冷凍或進口貨，我就不會出手買了。

那天在民生市場的露天攤位上，我看到這個年輕小夥子，細雨中著雨衣、雨靴，地上放著一個條型大冰桶裡有五十多尾的白帶魚閃閃發光，小小的紙招牌寫著

「自己海釣，保證新鮮」。

我忍不住停下腳步，這魚自己海釣？有人這樣做生意的麼？漁夫也有這種型態的個體戶嗎？

小夥子渾身唯一露出的臉孔，非常黝黑，皺紋很深，這是長期海上日曬的結果，農人和漁人甚少是白皙的，陽光日復一日在他們的臉蛋焦灼，留下了身分的印記，大概是下船後還來不急回家梳洗，就帶著漁具和漁獲直接奔來市場做買賣，我感到他真是個充滿海洋氣息的孩子。

他大方展示他一雙大手滿佈與白帶魚搏鬥的累累傷口，那傷口一條一條又深又長，他呵呵笑說這就是釣白帶的代價。白帶魚晝伏夜出成群洄游、夜間才浮游到海上表層覓食，個性貪食兇猛，口大而牙齒鋒利，晚上跟著漁船出去釣白帶，接近破曉再返回陸地，魚體漂亮完好的，一上岸就被餐廳師傅港邊等候著訂走，賣剩下的就抱來菜市場一尾一尾盡快對著婆婆媽媽賣出去。

我問，你晚上不能睡覺得出海去釣魚，天亮一上岸又趕來市場賣魚，日夜顛倒這麼辛苦，海上又風又浪，這樣好賺嗎？

小夥子猛點頭。之前他受雇在水果店叫賣水果三、四年，水果保鮮期短不禁久放，生意只要稍稍不好、老闆就煩惱，壓力也就跟著轉嫁到他身上，一個月三萬

多塊薪水不多不少，滯銷的責任卻每天籠罩心頭。自從轉行改作個體海釣客來賣魚，扣掉給船東的租金和魚餌，一個月淨賺可能有十萬塊錢！現在他最怕的，就是天氣和海象不好，一旦船不出海，那可就沒生意做了。如今能夠把最愛的休閒活動釣魚拿來當成吃飯的傢伙，小夥子覺得這賺錢辛苦很值得。只是手腳要快耳要聰目要明，千萬不能被警察開罰單，一有動靜隨時魚箱抱了就跑。

末了他加了一句，我的朋友跑去澳洲剎羊皮，而我每天坐船出海去釣魚，我覺得我在家鄉這樣過生活比較開心！望著他粗黝的臉孔，似乎企業與媒體爭執不休的15K或22K都與他無干，如他專注地謀生賺錢，是辛苦，也不是辛苦。

民生市場的路口，固定有兩個小攤十幾年來推著小車子販賣各種幼嫩的蔬菜苗，一株一元到五元、十元不等，他們自己用種子培育發芽成功到幾公分大以後，再連土一苗苗分株載到市場賣，連輕渺嬌軟的蘆筍幼苗都有！木瓜苗、萵苣苗、高

蘆
筍

麗菜苗、番茄苗、九層塔苗、花椰菜苗、芹菜苗、小白菜苗一應俱全，各種菜蔬幼兒盈盈翠翠的，只見許多當地老者或騎摩托車或走路到這攤位買些小苗回家栽種，這真是門好生意，一般人可藉此省去了播種發芽的失敗率，又可提高種植的樂趣與便利，是新手業餘農夫的好門檻。

我各買了三株九層塔苗和兩株番茄苗回台北，很遺憾台北居家種地不夠大，否則，我真想買些蘆筍苗回家栽植，蘆筍生命周期長，據說可達十年，它的花可好吃哪！

坐在市場內吃碗熱熱甜甜的傳統味紅豆湯圓，抱著蕗蕎、白帶魚、甜蝦、芋頭、珠蔥、小菜苗等戰利品離開市場，再轉往林場吃碗不負盛名的鮮美肉羹。不需要護照和出境，外縣市的傳統菜市場，即讓我充滿了旅行、探未知世界的心情。

羅東民生市場：宜蘭縣羅東鎮民生路六號

八煙農夫聚落，與地瓜

我獨自在芬多精瀰漫的小徑上逛了又逛，此農村聚落，四處正有農物，
我意欲買菜的雷達又敏感了起來……

據說台灣有幾個小小的長壽村，這我真是不知曉的，我對長壽村的粗淺印象，只停留在那沖繩島的潮汐邊，把整隻豬吃個精光、還吃黑糖、泡盛酒、海葡萄、昆布和海鹽的一個個大和民族清瘦黝黑的老人。還有義大利村莊坎波堤梅列的陽光下，喝百年傳承的初榨橄欖油、油煎櫛瓜花、紅酒配生紅蔥頭、油醃朝鮮薊的滿臉雀斑百歲老人。

長壽的人們，似乎鮮少活躍在大都會的高雅餐廳啖牛排、松露和朝鮮薊，他們經常是過著植蔬來自自家後園、雞鴨豬牛的來源係鄰近或自圈自殺自養自獵、魚肉只需粗鹽抹過就下鍋乾煎的清簡生活，而台灣目前有那麼多的農村在衰弱中休耕、或是等待離鄉的青年人何時返回家園犁田播苗，我心底納悶著台灣的老人快樂麼，台灣可有長壽村的存在麼。還有，我能否賜給我親愛的孩子們，長壽健康的基因呢。

不料這個疑問，今天竟然有了一個輪廓雖不清楚、但氛圍爽朗的答案。

源於我昨日與報社記者到陽明山國家公園去拍攝苔癬的可愛，我們風裡面走著走著，國家公園管理處的導覽老師突然強力推薦到三十分鐘車程以外的八煙聚落，那裡有著更多樣更盎綠更大片的苔蘚在不同的海拔、溼度、陽光下，隱隱然地勃

勃生長著。我說，你可是指那野溪溫泉很有名的八煙嗎？

我記得大約十年前，曾有幾個冬夜，我到那兒的星空下，造訪林子裡傳說中無比燙熱的溫泉，那真是個溫柔的地方啊，夜半空氣寒冽，月光細碎的灑落在泉水上熠熠生輝，滾熱的溪水在肌膚上的泡潤令人難忘。在野外做的任何事情，應該都是常駐心頭的吧，畢竟我們古早以前即是如此在野外吃著活著。我們其實骨子裡很懷念與土地碰觸的歲月。

於是我們一行人因苔癬的尋索行腳，來到海拔三百二十公尺的八煙聚落。

原來這是個歷史兩百年，以山泉水灌溉、以火成岩砌屋，日治時代此處生產的米甚至良美到進貢給日本天皇，如今僅餘九戶人家的農村小聚落。

一位九十多歲的老嫗獨坐在家門口傍著，看到我端詳她院子裡一大籃幾近百斤的芋頭，老人家耳聰目明地說，這些芋頭又Q又綿，兒子外出做工不在家，今天她作主一斤賣六十元就好！

低溫十度下寒風一陣陣，此地當然沒有暖暖包，老嫗光著腳的嬌小身影，與海拔三百多公尺的芒草溼冷，竟這般和諧地彼此融合，她似乎很歡喜今兒個天地寂靜裡，闖進來我這個陌生訪客可說說話，老人家說她昨日一個人的午餐，就是蒸兩顆芋頭蘸醬油吃。

九十二歲的婦人猶能俐落地做些農物小買賣，並可自己下廚蒸煮食，無有任何埋怨，還有幾隻毛色漂亮、體型雄健、氣質神祕的野貓，不停在她門前跳躍穿梭又隱入草叢裡，這豈不是最淡定最哲思的人生。我獨自在芬多精瀰漫的小徑上逛了又逛，此農村聚落，四處正有農物，我意欲買菜的雷達又敏感了起來。

土芭樂瘦瘦小小的枝頭上還不是季節，茭白筍的長葉在池子裡也黃萎了，一戶老宅門口掛個牌子寫著「八煙出張所」，我原是為傳說中這裡有廣闊一片綠絨絨的土馬駼而來，然此處究竟是何方，光線這麼透，空氣這麼清，人這麼老，房子一間間地青苔處處，古舊農具和根莖瓜果在門口收拾得一簍簍妥妥當當，這是一個很明顯的，老卻不衰、生命力奮張的地方。

門庭的收納是需要心力、美學和情感的，心境擾亂浮華者通常雜物散了一整間而不能謂之「愛物」，我長時間多方觀察各地鄉間的從農者，不論男、女、年老或年輕，曬在陽光下的蘿蔔和芥菜總是切片整齊、羅列有序，工作後的雨靴、鋤頭、斗笠總是乾淨的安放靠著牆壁，收成好的作物就在院子裡一葉一葉的清洗，農宅

三合院雖老舊滄桑，沒有名師園藝造景沒有枯山水沒有英式庭園，但他們總有心情和餘裕於農忙之際，家門口種幾棵茶花、薔薇、山蘇、茄苳或蘆薈。農人是這世間最有生活美感的族群，因此連野鼠麴草的嫩葉與黃色小絨花，他們都能摘了做成粿。

我看見水田裡有一位八十多歲的老農正駕著車在耕犁，今日低溫十度以下，極冷，雨似乎即將飄落，我想跟他說話，於是對著水田用台語大聲喊（我必須蓋過田裡車子轟隆轟隆的聲音啊）：

酥炸地瓜球

將地瓜蒸熟或煮熟以後，打成泥，加入適量麵粉與糖，揉成麵團捏成球狀，然後入油鍋即可炸成酥黃的地瓜球。

地瓜牛奶冰沙

地瓜去不去皮皆可，將它蒸熟以後，放入果汁機，和鮮乳、冷開水、冰塊、適量蜂蜜或糖，一起打，即是一杯很有飽足飽、又營養的地瓜牛奶了。

地瓜稀飯、地瓜飯

地瓜去皮，切成細條狀，與白米、燕麥一起煮食，是軟甜的雜糧飯一種。但地瓜含糖分，易腐壞不耐貯放，與白飯一起煮過後要盡快吃光。

自製地瓜圓

哪個孩子不愛吃地瓜圓、芋圓。更愛自己動手做哪。

❶將芋頭或地瓜蒸熟，加太白粉或馬鈴薯粉或樹薯粉，一起揉搓成團，再搓成條狀，切成一小段一小段，然後灑點麵粉避免黏在

歐吉桑，請問你今天咁有收菜？可以賣我菜嗎？什麼都好，只要是你種的都好。

想買到新鮮的田中菜，必然要學會主動開口、主動出擊、主動表態你是個愛菜人，田裡的農夫通常不是天生的生意人，他們很少會主動向陌生人兜售的。

老人關了機器，步履穩速，後來才知道他可是長壽村的指標性人物呢，進忠伯勇健遠超乎我，從泥濘的水田中大踏步走過來，帶我穿越一小叢竹林到他三合院的家，從陰暗乾燥的儲藏室搬出了兩大簍的地瓜、山藥和樹薯說是任我挑。我一向對根莖類情有獨鍾，既耐放、可煮湯、也可當主食類澱粉偶而取代白米，是非常方便的好物。風兒徐來，我蹲在地上和老人家一起挑了五斤山藥，兩斤地瓜和樹薯。然後他隨手抓了幾棵佛手瓜，說橫豎也吃不完，就送給我煮湯或醃漬吧。

我付了錢，老人就又急著返回田裡繼續去犁地。於我，他真像是個明星，水田是他的舞台，天空是他的布幕，他頎老的耕作姿影，渾身光輝閃爍，迷人透了。像這樣八十幾歲的老人有一塊地可耕、有力氣可種米種地瓜、還有能力做點買賣，這是不是叫好命？

這幾年，生態工法基金會讓大屯山區八煙聚落的百年水圳成功修復，消失幾十年的梯田又回來了，除了米，旱作物——金山地瓜，八煙聚落也依然持續耕種，品種多是金黃甜肉的台農57號，我偏好挑選體型較大的番薯因為甜度更高，置於通風處可存放約一個月，溫度太高的話，番薯容易纖維化而發芽，長芽葉的番薯雖

一起，即完成可煮。

❷ 至於要加多少粉呢？建議約莫是地瓜泥重量的百分之二十左右。只要能揉成團就好。若地瓜蒸得很乾，則可將粉量適當減少。若覺得太乾，也可將麵團揉進一點點水，但水要慢慢加，避免太多水分導致麵團糊掉。

❸ 現做的地瓜圓或芋圓，水滾以後再入鍋，約煮一至二分鐘即可撈起，和紅豆湯、綠豆湯都很搭。

可食但口感會變差，若能多學會幾種地瓜地料理方式，則妙用無窮。

這個最早由美洲印第安人栽種成功的甜物，明朝時引進中國，李時珍《本草綱目》記載：「南人用當米穀果餐，蒸炙皆香美……，海中之人多壽，亦由不食五穀而食甘藷故也。」番薯之番是謂外來種，然當今「地瓜」之名，更簡單明白點出它在常民生活餐桌的角色，田地之瓜，台灣之瓜。

它已不再只是豬食或窮人的無奈選擇，地瓜如今可夯了，便利商店一年可賣出破億元的業績，每年輝煌賣出幾百萬條並逐年成長，我從八煙帶回家這兩斤進忠伯栽種的地瓜，一家四口要怎麼變化吃呢。唔，酥炸、打冰沙、煮粥、蒸泥，香甜宜心。

羅馬公路, 馬告香腸

我們在羅馬公路吃進了香腸，也吃進了泰雅媳婦的努力與手藝，人生的滋味，部落的故事，通通在這裡了。

泰雅族人喚之為馬告的台灣原生種植物，也有人稱它為「山胡椒」，不論馬告也好、山胡椒也罷，你可聽說過或嚐過其風味麼。

今日我便偶遇馬告，但不是在原住民餐廳，而是在長興部落的山邊小攤位上。

這份偶遇源起於我前往羅馬公路去旅行，聽說那裡的桃園縣復興鄉群聚了好幾個風景淳厚樸美的泰雅部落，如長興、奎輝和高遶。這一條沿著鳳山溪上游、翠綠但小如隧道無盡頭的路，即是羅馬公路，此羅馬與義大利的羅馬毫無關係，其實指的是從復興鄉羅浮到新竹關西的馬武督、全長三十七點五公里的縣道，這條路在靠近羅浮的那一端屬石門水庫集水區上游，深綠如翡翠的湖泊在山谷下壯闊的蜿蜒，一片又一片的桂竹筍林是山壁的綠寶石，碧瑟而深邃幽靜，完全不同於台東池上那條伯朗大道的開闊明亮，羅馬公路低隱而小容量，大貨車可駛不得。

對於喜歡探訪台灣原野山林與原住民文化的旅人而言，羅馬公路絕對是一條再訪也回味無窮的路徑。

我們車子行經長興部落時，見一位婦人於老樹下擺攤賣物，招牌上寫著「美腿山烤馬告香腸」，這可吸引了嗜食花椒味道的我們，於是決定停車下來探訪看看。原來她不只賣馬告香腸，還有高粱香腸呢，婦人膚色白皙且五官平整，不像是泰雅族人，我說你賣馬告的風味料理，可是你看起來不像泰雅族喲，你的口味道地嗎？你是批貨來的，還是手工自製的呢？

婦人笑呵呵說，我是從金門嫁過來的泰雅族媳婦，也算是泰雅人了啊。所以用馬告或用高粱來灌香腸，對我來說都不是問題啦。

婦人很爽朗，自己聊起了自己的故事，泰雅老公與她相識於服役的金門，當時她覺得嫁軍人很穩當，有終身退休俸可安養晚年，小孩讀書也可補助，怎麼樣都是門安定的婚姻，沒想到原住民老公回到家鄉部落幾年以後說，人生務農夠吃夠住就好，很隨性的，不願等到可領退休俸的年紀，不等婦人同意就辦退役了，完全打碎這位婦人年輕小姐時的婚姻生活美夢。沒有了終身俸，沒有了教育補助，婦人於是每個假日來樹下賣她拿手的烤香腸。

泰雅丈夫愛山野的馬告，金門婦人愛家鄉的高粱，她遂將縷縷鄉愁與對婚姻的努力，一起灌進了豬腸肉裡，每條腸子、每分錢，都允諾了婦人在部落裡養家的每一天。與其抱怨生活的幻滅，不如動手幹活兒讓日子好過一點，婦人熱情推薦她的高粱濃、馬告香，要我們兩種口味香腸都試，絕對不會失望。

雖然在部落的路邊擺攤做小生意，婦人用的配料可不含糊，吃香腸要配大蒜，我注意到她攤子上任客人取用的大蒜形狀如吊鐘，而非茂谷柑型的平坦，判斷她用的是台灣大蒜，她很驕傲的說，我當然是用台灣大蒜，台灣大蒜才夠香，還有，我們部落種的香菇最棒，今天族裡的人都去吃喜酒了，否則我老公會搬香菇來這裡賣！一定要吃台灣的香菇，我們可都是種在木頭上的！

我咬下一大口高粱酒味夠濃的香腸好過癮，孩子站在路邊放懷大吃馬告的風味不嗆但辣勁兒舌間迴繞，我們在羅馬公路吃進了香腸，也吃進了泰雅媳婦的努力與手藝，人生的滋味，部落的故事，通通在這裡了。

而羅馬公路一點都不羅馬，羅馬公路是我們的泰雅公路。

什麼是「馬告」？

馬告是泰雅族、賽夏族常用的植物，小喬木，春天開花夏天結果，果實外觀長的就像胡椒粒，分布於全台灣中低海拔的闊葉林間。

泰雅族人將馬告的果實洗淨曬乾後，再用鹽巴長期保存，是原住民家庭常用的調味料，比胡椒嗆一些，整株植物味道如薑與胡椒的綜合，又似檸檬香茅，不管是滷豬牛肉、燉排骨湯或是蒸魚和烤肉，都幫助鹽巴取得不易的原住民來調味保存食物，原住民的飲食智慧與天賦，由此可見一斑。

在部落的農夫市集或超市有時可買到馬告、也就是山胡椒，可拿來泡熱水當茶喝，或放適量於黑咖啡裡調味也很搭。

當然，如果有機會到南投或復興鄉品嚐在地的原住民料理，可試試看馬告雞湯或馬告烤魚，天然的辛香野味，完全讓我這平地人感到野味的不馴口感，溫辣而不放縱。

食材探險

關於吃米買米，我想說的是……

府會官員不一定救得了本土農業，但每天握有實權、買菜買米的女人，卻絕對可匯聚一股疼農愛農的義氣。

我們自嬰兒時期開始喝米湯，但我們知道米多少呢。據中美聯合考古隊的發現，人類最早的古栽培稻從八千多年前始，亦另有其他出土研究顯示，珠江中游的聚落地帶食米種稻也將近萬年。物換星移而稻米維護人類不變，如此古老食物牽引出我們的流域與文明，吃米、吃飯，怕那故事說不完。

一家雜誌邀請我和另外三位擅長廚藝的媽媽，各自在家裡為讀者示範兩款日常早餐供參考，這件受訪工作使我半個月戒慎恐懼的，因為其他幾位可是出版過食譜書的高手，而我的料理熱情大部專注在本土食材的採集與鑽研，對於所謂跨國界手法融合或創新或擺盤等更上一層樓的表現，實在有待精進。但我也不想推掉這邀請，世道起起伏伏，幸好我們還有雙手有空間有食材可煮飯，飽了生元氣，就足夠讓家人抵抗世道光明背後躲著的那一線憂愁。

總編輯在採訪前和我溝通那來些什麼料理登在雜誌上好呢。我說，現在家庭早餐的主流是麵包、麵粉類製品為大宗，一方面是因為擺盤後的拍照可呈現時髦多彩吸睛，另方面是西式風情的餐點模樣、小朋友們看了也討喜。一大早看見一碗飯白乎乎的，我知道很多小朋友會帶著下床氣低鳴哀哀叫。

但我可不可以非主流呢這一次。既然其他三位母親皆不約而同的示範麵粉類早餐給讀者，是否就讓我跳 tone 一下，展示我家的日常米食早餐、鼓勵大家另一種吃飯的可能吧。

進入吃飯正題前，先讓我回顧兩部喜愛的飲食電影。日本年輕導演沖田修一先後在電影裡所帶出的食物意涵，其冷靜氛圍所微透出食物的暖熱，是觀影數月之後仍在我心迴盪的。二〇一〇年上映的《南極料理人》，在零下五十度、海拔三千八百公尺的富士基地，南極大陸杳無人跡，極度閉鎖的工作之際，遼闊蒼茫的冰天雪地、這時想吃碗熱騰騰的拉麵是多麼地不切實際！然看見西村終究還是想方設法地在大桌上擀麵團、手打麵條時，我的眼眶於焉跟著影片中的南極人一起溼潤。啊以食物來珍視一個人，莫此為甚。

更喜歡在《啄木鳥與雨》裡，扮演伐木工人的役所廣司於森林中每個透亮的早晨，自己煎玉子燒、揉飯糰做便當，還不忘放顆梅子的孤單模樣。妻子逝去、兒子遠走不願一起伐木，林中老屋、日升月落只剩他一人。但無論如何，役所廣司每天早上用一份鮭魚白飯來照顧自己，晨光迷離，吃飯宛如就是活下去的人的一種溫柔宣誓。

吃飯正是這麼有力量的事情。於是孩子們七歲以後，和一般小朋友大不同的是，他們的早餐漸漸以吃米飯多。我堅持只有吃飽一碗飯，她們才能夠獲致能量、從早上七點撐到中午十二點而學習情緒和智商都維持在一個較平衡的充電狀態，七百卡路里，讓我的孩子們上下課穩健活潑。

再者，我雖人不在田野探勘，卻始終關注台灣糧食自給率的問題，如今有機會透過雜誌媒體與讀者對話，我希望據實展現出我們家的早餐桌上，吃米的容易與趣味。但願大家除了讓孩子一大早吃麵包、披薩、三明治、蛋餅、漢堡、奶茶、偽果汁，也了解我們的母親台灣，原是南方小島一片米倉大地，至今依然生產多元品種晶瑩、溫潤、滋補的米，我們應鼓勵孩子們從小建立米食的習慣。

這一年有太多毒食物的新聞衝擊著我們的飲食信心，從塑化劑、偽米粉、毒澱粉、工業級防腐劑到油漆用色素使用於豆干上，包括備受民間信賴的主婦聯盟，旗下部分商品如烏龍麵、粽子、紅心粉圓也化驗出含化學添加物。於是有讀者向我反應，若里仁和主婦聯盟都難逃汙染厄運，那現在我們還能相信誰。

身為資深菜籃族，在這波新聞的浪頭上，我想對大家說，主婦聯盟是國內極少數一路走來、發展艱辛而執著的共買組織，類似這樣非以營利為主要目地的社群（如大王菜鋪子、上下游市集），即使大環境的信賴度已受傷，目前我仍會繼續

相信。

在孩子出世以後、隨即投入的十幾年社員資歷，我從來沒有主婦聯盟不應該或不可以、不可能出錯的期待。她不是由神主持的通路，也不是上游生產製造端，她是個由一群關心農業自主與社會安全的人，因理念相合所組成的共買團體。每一天，每一年，主婦聯盟得經手上千百樣新鮮和加工農產品的開發與監測，該期盼主婦聯盟擔負起每樣商品永遠百分百安全無誤嗎？我不打算這麼想。

容許百分之五的疏失，是對台灣農業的理當包容

甚至每年我給予她百分之五的空間去發生疏失。最重要的是，每一次的疏失，都非來自她為牟利的蓄意欺瞞，也非謊言的包裝。每一次的疏失，主婦聯盟都願意對社員公開檢討，並與農友或供應商共同找出接續的改善之道。如果她能做到這樣的坦誠與思考，那麼百分之五或百分之十的疏失，就是我們對台灣農業的理當包容與可貴的成長經驗。

我每週仔細閱讀主婦聯盟的週報，了解近期農作物和漁獲物的定期檢測報告，她總是誠誠實實的主動揭示亞硝酸鹽和農藥、重金屬汙染殘留等檢查的紀錄與數據，試問現在有哪家食材通路商能如此公開與透明？懷疑與憂懼不能使我們進食的心情壯大，惟有理性的和這一類共買組織對話，我們才能落實保障家庭餐桌的飲食安心。

另外也有讀者詢問我何處買米。一杯米大約是兩碗飯，我們家一頓晚餐大約要煮兩杯半，還有中午的兩個青春期便當再加上早餐吃飯糰，所以我們真是個吃米很兇的小家庭！去哪兒買米遂成為我和丈夫的重要日常庶務，量大而質不能省。

有時我們會精打細算見「買一送一」就動心，有時我們倆會覺得，哇這包米雖然

很貴可是看起來很厲害的樣子（例如得神農獎或十大經典好米或外銷日本這一類）、偶而吃它個幾包吧反正也不會破產，所以，低至一公斤促銷的五十元、到有機日曬米一公斤高達一百六十元，我們家都輪流著、換著吃。

就因為台灣農友種米功夫下得深，農法各異且米的品種百花盛放，米粒多粗短的蓬萊米、米粒多細長的在來米和黏性最強的糯米，都自有其屬性風味和愛好者。我最偏愛煮食以台中霧峰為產地翹楚的台農71號，一般稱之為益全香米，這是由台灣農業試驗所由日本稻種「絹光」和台灣本土的台梗四號，歷經九年才配種成功，只要暮午時刻煮了一小鍋益全香米，那孩兒或丈夫自外歸來一進門，就踏實的小聲輕呼了起來，噯這飯好香、肚子真餓！

當然不只霧峰香米了，關山池上的山脈縱谷，苗栗火炎山沖積扇的苑裡農業，中西部平原的大好陽光，乃至蘭陽平原的好山好水，八煙和貢寮的古老梯田，以及花蓮石梯坪適應海風與鹽分的台梗四號「海稻米」，你可都一一嚐過呢？這些米吃起來香氣、口感、嚼勁完全不同，烹煮時從電鍋氣孔逸出來的香味都有異，所以，買米時，我的心情大概跟女人挑鞋子的心情差不多，真是什麼都好看，什麼都想買，最後，那就什麼都打包回家吃吃看啦。

連農會裡有些米的真空包裝漏氣了、被打成次級品，打九折求售，我們也趕緊買下來，不然叫這包漏氣的米怎麼辦？

可有些米我是鐵定不買的，例如某些老是在檢驗上出狀況的大品牌，不論它行銷攻勢有多強、廣告預算有多大、促銷打多兇、通路有多方便，我永遠覺得它素行不良、形跡可疑，我就從來不買它。至於是哪些大品牌老是出包呢？這只要搜尋歷史新聞或平常肯多花點時間關心這類議題，就會知道了。

還有包裝上不清楚標示幾等米打迷糊仗的，我也不買。我不是非一等米不吃（當然，一等米外型飽滿、碎米粒少、心腹白，看起來漂亮），但我不喜標示不符法規、標示不全的生意方式。誠然，有些米雖標示一等卻並不牢靠，這個，我多少也學會了用自己的肉眼再觀察，一等米的國家標準係以白米的外觀為判別依據，一包白米內的碎米粒、米糠、米殼、變異粒、白粉質粒、小碎石粒和蟲損粒，每百公克不得超過百分之五才可稱之為一等米。

有些小農的白米雖不夠精美、達不到一等標示，但吃起來依舊黏性恰當、冷熱皆宜，就像有些小黃瓜彎彎曲曲瘦瘦小小，口感卻不減鮮汁爽脆。所以，我不特別迷信一等米。

自製發芽米Q&A

Q：什麼是發芽米？

A：發芽米，主要是利用糙米（又稱玄米）的胚體，經過浸泡與催芽的過程，讓糙米中的酵素完全活化，使稻胚萌發出約零點零五至零點一公分之芽體，就是發芽米。

Q：糙米發芽有什麼好處？

A：根據高雄農改場的研究報告，發芽後的糙米，其蛋白質與脂肪均較白米高出一至四倍，尤其酵素完全活化之後的發芽米，涵有豐富的γ胺基酪酸（GABA）、和磷酸六肌醇（IP6），GABA可以降低血壓、穩定神經、助眠、改善更年期症狀、提高腎臟與肝臟功能，六磷酸肌醇（IP6）具有抗氧化作用，有助人體免疫力提昇，對部分癌症細胞有抑制效果。且發芽後的糙米，表皮會軟化，煮出來的口感較糙米軟嫩多，香氣更足。不論是營養或風味，在日本已風行多年、台灣也開始講究養生的發芽米，都更勝一籌。

Q：如何在家讓糙米發芽呢？

A：市售發芽米價格頗高，一公

斤至少一百三十元起跳。若自己買回來孵糙米，不僅省錢，也非常有手作的成就感。

以下是我根據高雄農改場的建議，經自己實驗成功的發芽米步驟。

❶將新鮮的有機糙米用冷水略清洗後，浸泡約三小時。

❷再以攝氏四十二度溫水略洗滌後，將溫水倒掉，然後，把糙米放在電鍋或電子鍋之內鍋。

❸內鍋上層，要覆蓋一條用溫水浸過又擰乾的紗布或毛巾。

❹置於電鍋內，大約經過十五小時左右，糙米應該就會催芽長出零點零五至零點一公分的芽體，發芽所需時間會因冬或夏而有所增減。

附註：

我自己也試過一簡單的操作版本，適合需出外上班的婦女。

四處買米，就會產生樂趣，也算是分散風險的一種方式

逛米店的心情其實和逛書店是有點兒像的。不趕時間的話，我經常站在超市的米架前，把一包又一包的米拿起來端詳再三，研究那包裝話術後面的可靠性，研究每公斤的平均單價，研究產地、研究種法、研究品牌，研究這包米是自產自銷、還是透過農會產銷班，還是品牌商四處去跟稻農收米回廠以後再經營個漂亮品牌，這些都是我這吃米人萬分好奇的。因為，每天都要吃嘛！怎能放任自己漠不關心呢！

除了在城市裡的通路買米，我也盡量「直接跟農夫買」，讓辛苦整年的稻農，可減免通路端的高額上架費負擔，而能拿到更合理的收入回饋，再者，直接到田裡、到家裡找上農夫去秤米買米，知道今天吃的米是誰在哪裡種的、是哪條溪水灌溉的，對我們全家來說，是很溫暖的購米行動。所以，我們常常逛假日的農夫市集，那裡是全省個體戶稻農的聚集地，他們在市集的小攤位上具名站在我面前，告訴我這新米的水比例要如何拿捏才煮得好，告訴我最近的碾米日期，告訴我下次收成要等到什麼時候，人我之間的交流，透過米，我們踏實相逢。我們知道我們永

晚餐前將糙米略清洗，然後用溫水(不燙手即可)略浸泡三小時。睡前將水倒掉（可收集來澆花或擦拭地板等），換乾淨的冷水，早上起床出門上班前再換一次冷水，但為避免白天溫度高，浸米水會發酵，所以請將糙米放入冰箱冷藏。下班回家後，取出來再換冷水。然後睡前觀察，經過二十四小時，糙米應該已發芽成功了。

Q：發芽成功的糙米要如何烹煮和保存呢？

A：料理方法是將發芽米洗乾淨以後，加入米量約一點六倍的水，例如五杯米加八杯水，二杯米加三點二杯水，依此類推。煮熟以後，請繼續燜十五分鐘再開鍋食用。

發芽好的糙米如果還不馬上烹煮，可放在冰箱冷藏一月或冷凍六個月之內皆可，仍不失相同的口感。

遠離不開農業，永遠要尊敬農業。

台北的彎腰市集、簡單市集、希望廣場市集、新北市淡水與新店市集、漂鳥市集，全都是我的買米之境。

有時我也透過網路的上下游市集，購買竹東莊正燈先生的十大經典得獎好米，他的田係採稻米與地瓜輪作來維持地力，生態豐富到有金雞和野兔出沒，寄送當日才新鮮碾製，這桃改場所研發的桃園三號散發出淡淡的香芋味，兩公斤賣一百八十元，平均一公斤白米售價九十元。

而一公斤白米可煮成約十四碗白飯，換算起來，十大經典好米平均一碗飯不到七塊錢。一碗白飯風裡雨裡種植半年、種到結穗打穀再輾好寄送到我們手裡讓我們免於飢餓，相較於一個蔥麵包賣四十塊錢，這碗白米賣七塊錢是不是不多呢？可見得獎米不一定貴，而種稻養育眾生的人，也很難大富大貴，反倒是工廠生產線上的礦泉水和化學茶水，那才叫貴。

今年我也殷殷期待兩位新稻農的收成。台東鹿野附近有位少年郎林柏宏，台北長大的他從城裡翻山越嶺跑到東部去租地種米種黃豆，這遵行自然農法、屢敗屢戰的小子，今年會孕育出什麼樣風味的「默默米」？他的黃豆可會長得好？

另一位是在雲林水林成軍的「水賊林友善土地組合」，三位農友種了青仁黑豆與

稻米。他們的地瓜葉枝骨強壯而帶有青草的芳香，米我尚未吃過，但追蹤他們的臉書農田記事甚久，蕎麥據說死了不少，要用農藥的洋桔梗雖然賺錢但他們決定放棄，稻稈即將結穗了，不知收成好不好，像這樣有個性的農夫，我滿懷期待他們好收成。

四處買米，就會產生樂趣，也算是分散風險的一種，若真發生任何有毒有農藥的新聞了，則中毒機率也低，偶而中毒了我也不灰心，下次買米更小心就是。關於飲食這件事，灰心不能改變事情也毫無助益，只要我們願意開放心胸、持續學習，我們就會吃得越來越對、越來越好。

慶幸我們婦人可以用消費力來展現對好食材的決定性力量

在這工業化又追求速成、量產、低價的世界，我們不求什麼毒都吃不到，但若我們覺得自己努力過了，不是只靠政府和財團的漂亮包裝與脆弱承諾就傻傻去買，那麼，我們也就對得起家人和自己了。生活在城市裡，我們至多可以種一小盆九層塔和小番茄來聊慰親吻泥土的心，卻很難再多種一棵木瓜樹或絲瓜了，但別灰

喜歡衝浪的年輕農人所種高雄 139 號米。耕地靠近台東武陵綠色隧道，自然農法。
買米電話：0935255611

心，慶幸我們婦人可以用消費力來展現對好食材的決定性力量。常常買新鮮、常常煮幾道菜，撥點時間多多關心當代農業議題，多多閱讀農業相關書籍，去釐清基改種子帶給農業的毀滅性可疑，去想一想歐盟為何如此抵抗孟山都，去確認你買回家的豆干是進口飼料級黃豆嗎？去進一步思索與懷疑，若我們不多多吃米來提高台灣的糧食自給率，有一天萬一全球糧食因戰爭或災害或任何謬誤不明的原因大漲，國外不願或不夠賣糧食給我們，或必須以天價將糧食賣給我們，那時我們將何去何從、將如何依存下去？府會官員不一定救得了本土農業，但每天握有實權、買菜買米的女人，卻絕對可匯聚一股疼農愛農的義氣。

最近整修廚房，我丟掉兩顆存放櫃子甚久的進口洋蔥，這是媽媽不察、自菜市場買回送給我。已然三個多月過去，這些洋蔥猶堅硬完整如初，毫無任何軟腐的跡象。想這洋蔥究竟在它的國家做過什麼既不發芽也不腐爛、有違生物本性的輻射處理呢？

家裡並非對外營業的餐廳，所以我們不需一年四季皆常備有洋蔥絲擺盤在肉排邊，或是來個洋蔥湯、青木瓜沙拉和炸洋蔥圈，我們只需在每年強勁落山風伏襲過的三、四月，恆春洋蔥當令上市時，盡情採買回家。細心乾燥陰涼處存放。盡情煮、盡情吃就好。每次看到進口洋蔥一簍簍一箱箱的在賣場現身我就生氣，天然食物就是要我們把握短短好時光，身土不二（身體所吃的食物應和自身所在的土地不分家），這是我們人類該懷抱的信仰。

乾煎義式雙色麵疙瘩

除了白米，根莖類也是很好的主食來源，台灣中部的南瓜與馬鈴薯，是不想吃飯的日子裡，另一種饒富趣味的變化。

材料：

南瓜一顆、馬鈴薯數顆、中筋麵粉適量、雞蛋數顆、海鹽與胡椒適量

作法：

❶將南瓜與馬鈴薯去皮切塊以後，放在電鍋裡蒸熟，或是放在湯鍋內以冷水煮到沸騰，約莫十五分後，熟了即可。煮多久才會熟，別盡信食譜，主要是端賴你手上的瓜與薯之肉身厚度。但馬鈴薯要比南瓜煮更久才會熟，建議用蒸的較為方便。

❷將蒸熟的馬鈴薯與南瓜，分別倒入大碗公內，以大湯匙搗成泥狀。

❸將兩顆雞蛋打勻，倒入馬鈴薯泥與南瓜泥內，拌勻。

❹再將少許的中筋麵粉倒入南瓜泥與馬鈴薯泥內，我喜歡的比例是約90%的馬鈴薯泥（南瓜泥）對10%的麵粉，不僅營養與飽足感更足夠，並且，口感更是香甜

軟綿。

❺將麵粉、雞蛋和瓜泥薯泥揉勻成長條狀，用刀子切成適口的一小塊一小塊，我喜歡方塊磚的形狀，因此，特地和孩子們一起揉成規整的長條狀，有些人喜歡橢圓形狀，也是可以的。

❻拿出平底鍋，熱鍋，倒入橄欖油和一些奶油加熱，然後將新鮮做好的馬鈴薯麵疙瘩和南瓜麵疙瘩置入鍋內，中火慢煎，耐心的用竹筷翻面檢查是否微露「赤赤」的褐色，若有，則可換面續煎，灑上適量的海鹽、胡椒，以及（如果喜歡）可加上一點新鮮迷迭香或乾燥綜合香料。

❼起鍋囉。乾煎的新鮮馬鈴薯麵疙瘩和南瓜麵疙瘩，外層酥酥微焦，但內裡的泥肉鬆軟綿嫩，熱呼呼的趁熱吃，配上番茄肉醬或一碟綠花椰菜與蒜炒蘑菇，傳統菜市場的常見食材，自己的家常歐式料理，芳香宜人。

這次我示範了海苔米飯糰和地瓜粥配老蘿蔔乾烘蛋等料理給雜誌社讀者，俗話常說「老天爺賞飯吃」來形容一個人的天賦才華，其實，咱們有飯吃亦是老天爺賞的啊！既然老天爺賞我們飯吃，我們就該好好吃，多多支持友善的米農，理性節制的食用進口麵粉類製品，只要每天每人多吃一碗飯，則一天可多消費兩千多萬碗白飯，將大大有助於我們日益低迷的糧食自給率，目前台灣的糧食自給率只有百分之三十三左右，我們有將近七成的糧食是仰賴進口，國際貿易和跨國企業不永遠可靠，讓台灣的土地能孕育更多的食糧，關鍵在婦人的手上，婦人決定家庭吃什麼，決定孩子一生的飲食習慣。

我們日日在廚房裡烹煮的是一首小小的情歌，歌詠出我們對生存與生命的愛。用土鍋在瓦斯爐上燜四人份的菇蕈雜炊，用南瓜和米粉翻炒出一鍋甜軟的櫻花蝦炒米粉，用米苔目加黑糖汁來冰藏夏季的冷涼，還有，用自己發芽的糙米來存放大米的能量，加點兒豬小腸、排骨和胡蘿蔔絲，熬一大鍋古早味糙米粥，來讚頌小日子的濃濃淡淡。

吃豆芽菜

一年四季尤其雨季造成農產受損、菜價飆漲時，豆芽類更搶手，可是，不必等雨季，我們每個禮拜都簡簡單單的吃它。

每個禮拜我固定買一盒黃豆芽回家，紅燒豆腐、紅燒魚或乾煎里肌排時，便順手放一把豆芽在鍋邊來吸收紅燒的醬汁或肉汁，既加菜、減少肉的用量、又好吃，這樣懶人料理手法的豆芽，嚼起來很香。

我下過一些功夫嘗試著去了解豆芽，例如，花了好多天終於孵出一小盆瘦巴巴的綠豆芽；傳統市場攤位與有機店裡賣的豆芽，有何口感與安全上的差別；或是豆子本身與它這後來萌發的胚軸，在營養成分上有何差異；還有，豆芽是生吃好還是熟食好等等。豆芽這般四處可見，怎能不想多知道它一些。

據說豆芽的概念源起於中國，《神農本草經》即有記載讓大豆發芽以後，曬乾，做成藥用，叫做「黃卷」，到了南宋有更詳細的紀錄，「以水浸黑豆，曝之。及芽，以糖皮置盆中，鋪沙植豆，用板壓」，並有了一個好聽的名字叫「鵝黃生」，但當時這所謂的「鵝黃生」是否有挺直的莖幹呢？我沒有再追蹤下去了，倒是自己孵豆芽得一天換上三四次水的過程以避免腐爛或發霉，讓我覺得很麻煩，雖然從選種、泡種、催芽的這些進展一步步，讓孩子們感受到親手種植生命的樂趣，但養兒育女的上班族哪有時間一日數回去照顧孵芽的水質。不如就把種豆芽菜這件事，交給專業吧。

挑豆芽菜，我的忌諱是白白胖胖的不買，因為有使用漂白劑、防腐劑、植物性荷爾蒙的嫌疑，並盡量確認種子本身是有機或非基改，一盒有機黃豆芽菜大約五十元，可供應一家四口兩回的排骨湯，一年四季尤其雨季造成農產受損、菜價飆漲時，豆芽類更搶手，可是不必等雨季菜價漲，我們每個禮拜都簡簡單單的吃它。

炒豆芽菜是一道日常感十足的料理，不過，我的婆婆並沒有用省事的工，或許是希望營造出一種吃館子的享受感，她也管這叫「銀芽」，午覺醒來的午後，她便端著一包綠豆芽坐在客廳，一根一根的拿起來掐了鬚根尾巴，又捏去綠滋滋的頭芽，只留下光禿禿的莖，白白胖胖，看起來完全失去了個性。老人家是一番料理的好意，但我總是輕聲說，媽，這樣好心疼啊，而且，綠豆芽的多重口感也都失去了，我們可以吃掉整株的綠豆芽啊。

將綠豆芽掐頭去尾、棄置不顧，不論是為了好看或老饕追求的口感，都是非常的浪費，因此我不喜歡在館子裡點「銀芽」這一類的菜。

那麼，就自己來動手料理豆芽菜吧。

附註：

台灣開始有自己種植生產的青仁黑豆了，黑豆芽可與黃豆芽變換日常料理。雲林水賊林友善土地組合的黑豆熬煮成黑豆漿，豆香十足。訂購方式：電話 0933570937 或電郵 edwin0615@gmail.com

雞絲炒豆芽

材料：

雞胸肉、綠豆芽、蒜頭拍碎、薑絲

雞絲醃料：鹽一小匙、米酒一小匙、太白粉適量、蛋白半顆

調味料：鹽、胡椒粉少許，辣椒視各人喜好

作法：

❶ 將雞胸肉切成絲狀，用上述醃料醃五至十分鐘。

❷ 炒菜鍋倒入適量的油，冷油時即可放入雞絲炒到略變色，然後將雞絲肉撈起過濾，放入盤中。

❸ 薑絲和蒜頭放入炒過雞絲的油中，爆香，再放入豆芽菜大火快炒，續加入雞絲炒到肉熟，以適量的鹽與胡椒粉調味，拌勻即可起鍋。

黃豆芽排骨湯

材料：

番茄、黃豆芽、排骨適量、薑絲、蒜頭

作法：

❶ 先將排骨入冷水鍋煮到沸騰以後約一分鐘，汆燙去血水，然後撈起來過濾乾淨。

❷ 番茄果皮的農藥不易洗淨，可將番茄先在熱水中滾過，再取出來去皮，然後切塊。

❸ 薑絲、蒜頭、番茄、排骨（或大骨、軟骨）煮到呈現你喜歡的高湯顏色，起鍋前二十分鐘放入黃豆芽，用鹽巴調味即可。

小提醒：

黃豆芽不宜久燉，以免營養素流失過多。

韓風黃豆芽紅湯

材料：

辣泡菜適量、已吐過沙的蛤蜊、嫩豆腐、黃豆芽、海帶芽、蒜頭、洋蔥切成條狀

作法：

❶ 將水煮滾，放入嫩豆腐、蒜頭、泡菜、洋蔥，沸騰約五分鐘讓食材的味道與湯水融合。

❷ 然後將黃豆芽放入上述湯水中，煮滾約十分鐘到軟熟。

❸ 再放入海帶芽和蛤蜊一起煮到蛤蜊打開，放鹽巴調味，即可起鍋。

小提醒：

泡菜和蛤蜊通常已有鹹度，因此後續鹽巴調味時下手不可過重，要細細斟酌。

天然甘甜青花筍

它輕盈、輕秤，汁多味甜，吃肥多、田間管理費心、栽種成本高，它果真值得這價錢，而我們努力踏實的生活著，也值得吃這好東西。

神農都可以嚐百草了，原住民口袋裡可食的山邊水旁野菜也高達兩百種，對於市場裡各種難得看到的陌生蔬菜，我亦充滿孩子似的好奇心。於是，我手指向這隱約裹著一層銀霜的菜，綠色花蕾一小朵一小朵緊緊依偎著，問三十多歲的老闆娘說，這是什麼菜呀？

老闆娘想了好幾秒鐘才回答，這是花椰菜苗。

呵，我是故意考考她的，果真這剛引進來台灣的蔬菜，連菜販都不很知曉，誤認它是還沒長大的綠花椰菜。這不是花椰菜苗，這纖長碧綠、開花細葉、外型優美細緻的菜，名叫青花筍。講究氛圍的五星級飯店經常拿它來當擺盤裝飾用，它不是價廉的菜，通常一斤在一百元上下，但秤個半斤、花幾十塊錢，也夠我們一家四口吃得滿口甘甜。

這幾年經過一些有心農夫的推廣栽種，青花筍已不再是價格高不可攀（幾年前一斤可要賣兩百塊錢呢）的擺盤蔬菜，雖不似地瓜葉、高麗菜、綠花椰般普遍常見，但每年十月到春天的四、五月，刻意繞一下市場或市集，青花筍並不難尋。也別被開價給嚇到，它輕盈、輕秤，汁多味甜，吃肥多、田間管理費心、栽種成本高，它果真值得這價錢，而我們努力踏實的生活著，也值得吃這好東西。

青花筍屬十字花科，非史實可考的古老蔬菜，係來自日本的新品種，由台灣農友種苗公司引進，全株皆可食用，嫩莖、幼花、細葉的不同口感在齒間交疊，甚有趣味。明明不是筍，卻敢取名中有「筍」，可見其嫩與甜了。

神農獎得主湯嘉豪，桃園大園產銷班的班長，是個種青花筍很厲害的達人，青花筍在日本當地是收成兩個月的作物，但到了湯嘉豪的手上，經過他深刻的觀察、思考、摸索與實做，最終讓青花筍在台灣濱海的鄉間，收成期長達四個月！這成就讓日本農人大為驚訝，甚至專程組團來台灣參觀他究竟是怎麼超越日本農業技術、種植出可連續採收高達一、二十次的青花筍。

我在電視上的客家新聞節目，看見他於自家農田裡，拔下一根青花筍，輕輕撕去外皮，當場就咬了一口、生吃新鮮花梗，他說，青花筍甜得就像水梨一樣。

此言不假。我記得兩年前第一次大火快炒青花筍時，蜜拉嚐了一口即問，媽媽，這道菜你是不是加了糖？怎麼那麼甜？

有些菜販會將青花筍的葉子和側枝拔淨，只留下嫩莖與頂端的花，看起來光禿禿

的，一根一根的用膠帶綁成一束一束的來販賣，我不愛買這樣的青花筍，我喜歡保留最天然姿態的青花筍，一枝一枝帶葉、帶側芽的，買回家慢慢去除莖梗的外皮，葉子一片一片的洗淨，將莖梗切成細條狀，把花朵摘成適口的大小，用滾水汆燙三十秒以後過冷水，然後起油鍋爆香蒜頭，將所有的青花筍材料入鍋大火快炒，以鹽巴簡單調味，放在熱騰騰的米飯上，湯汁略顯焦褐色，這樣即完整釋放出青花筍的鮮美細緻。

也有人推薦用開陽（蝦米）、櫻花蝦或鹹蛋來佐香炒青花筍，一一試過以後，我還是覺得，青花筍只需蒜頭、熱油、鹽（有辣椒更棒）這樣最好，它珍貴的天然甜才不會受干擾。

那些生產太多的大白菜

時令的大白菜最美味了，我們不需要韓國進口的大白菜或泡菜，所謂身土不二、縮短食物碳足跡，吃我們本島生產的大白菜最應該，也最好。

生活裡每天都會發生許多與吃食有關的事兒，人不一定每天得上網或讀書、不一定日日有快樂感、不一定每天觀看到巷口牆角的波士頓腎蕨又長了一卷新芽、不一定每天有興致看櫻花盛開、不一定每天著迷季節限定的紅豔草莓果、也不一定每天都覺得那愛人確實還深深地愛著自己，但，唯獨「吃」這件事係人們每天都躲避不了的，得好好去感受它。

像是今天清晨五點起床，我透過天井望見天上還掛著一片朦朧殘月，美極了，而我口腔裡帶著一夜積累的乾澀（許是昨晚睡前喝的那幾小口威士忌作祟，醇酒搭配新買的泡水書《垂直農場》，氣氛正好），大腦忍不住開始思量，進廚房煮孩子們的午餐便當前，那現在是煮一壺紅茶好、還是先來杯朋友差居越南所帶回的陳味咖啡哪？

我這婦人的每一天，即是如此從食物開始的，不管是從十克的咖啡豆，還是一小匙台玉紅茶十八號。茶湯先溫柔地去掉我口中的隔夜乾澀，然後，捲起袖子轉了瓦斯爐火，為孩子和丈夫蒸個米饅頭，用驚蟄的節氣蔥韭或紅紫色香椿葉來烘個蛋，便當盒裡放根事先燙過以去油脂再略煎到赤色的香腸，還有櫻花蝦炒綠花椰菜。

等到衣服都晾曬了、幾十株蝴蝶蘭也都餵過水，要出門辦事時，順手從冰箱裡取出一罐啤酒丟進後背包。春日有時陽光太過驕傲暖熱，這啤酒正好在等公車時可喝著解渴。

所以說，吃喝即是這般時時刻刻跟隨醒著的我們。瞧野地蜘蛛日復一日的趴在那神祕建構力學的絲網上，偶有一片落葉飄過黏在密網上，蜘蛛定會立刻將落葉給飛踢出去，究竟它是把落葉誤認為上鉤的蟲子，還是不願讓落葉為昆蟲們彰顯了此處有網，這我猜不透，但看牠一生守候無論雨露寒風，不就是為了填飽肚子、延續生命麼。人生何嘗不是如此。

這幾天有則不甚受注意的民生消費新聞，卻完全擄掠了我婦人的心。雲林縣四湖鄉蔡厝村等地的好幾個村子，村里辦公室不斷廣播著：「路邊有山東白菜摘免錢，請大家趕緊去摘。」消息很快傳了出去，就有人專程從北港開小貨車過去摘這免費的、供應過剩、批發價錢過度失血低廉的大白菜。新聞還報導四湖鄉有位農民吳守國先生種了一甲多的大白菜，為了讓人們好搬運，他還在田間闢了一條臨時小徑讓汽車可方便進出菜園以提高摘菜效率，面臨這一季農收賤價，此刻他只求趕緊消化掉這整片農田每公斤批發價連兩塊都不到的蝕本大白菜，忘掉過去、振作起來，打起精神好繼續下一季的農作播種。

原來產地出現了這麼困窘的供應端問題，難怪這兩天我上市場買大白菜，發現它賤賣到一顆只要十塊錢，每顆大白菜都重達兩、三斤，翠綠色的外葉緊緊包覆著如冰玉的內裡白葉，稍微掐一下掉落在攤子上的外葉都可掐出汁水來，每顆大白菜皆新鮮美麗如大花蕾的極品，卻只要十塊錢。我以為我聽錯了，還跟賣菜阿姨確認了兩次。

我帶著憐惜的情緒說，怎麼這麼便宜呢。這樣產地的農民不就一斤連一兩塊錢都拿不到？

旁邊的歐巴桑們手裡忙著挑菜，也一起應聲說，是啊太便宜了，種菜真艱苦。賣菜阿姨也無奈回答把菜攤子圍成一圈的婆婆媽媽們說，我可是有良心做生意的呢，菜批發得便宜我就賣便宜，菜今天若批得貴、那我只好賣得貴。最近大白菜就是這麼俗啊。我們賣菜的賺的是少、可至少有賺，但南部種菜的，就真的是常常賺無了。

黃昏煮晚餐之前，孩子很好奇的將大白菜一葉一葉的剝開，她想知道一顆大白菜，到底有多少葉片捲在裡面呢？

她喜歡吃加了蛋酥和木耳絲的白菜滷，也喜歡吃茶樓裡的烤奶油白菜，還有羅東漂鳥小農賴嬌燕自個兒手作的大白菜泡菜，那泡菜裡可吃到揉合了梨山蜜蘋果的酸酸甜甜滋味，味道層出不窮一言難盡，大白菜的甘味在這小農的醃漬世界，出奇的溫辣、既馴又野。

孩子慢慢數，一二三四五六七……數到第四十三片時她終於停了下來，再來就沒辦法數下去了，緊密的蕾苞裡還有許多難以剝捨的小嫩葉。孩子天真的仰起小臉輕呼，媽媽，原來這顆大白菜有四十幾片葉子啊。

嗯，親愛的孩子，如果一片葉子平均要兩天才能長大，那麼這顆大白菜可就花了農夫近三個月的時間。三個月的勞力與技術，只換來一公斤兩塊錢的售價，種子、肥料、包裝紙箱、採摘的工錢都不夠，農夫要怎麼去支付春天開學時，他家孩子的學費和補習費呢？

農業的供需政策、農民的技術輔導、產銷的售價調節等等，這些都不是我們買菜煮飯吃飯的人所能理解或置喙的面向，但我們可以藉由多多消費的方式，來幫助此際正困窘的種菜人，時令的大白菜最美味了，我們不需要韓國進口的大白菜或泡菜，所謂身土不二、縮短食物碳足跡，吃我們本島生產的大白菜最應該，也最好。

據考古學家的發現，約五千年前的新石器時代，在西安遺址就發現出土的陶罐裡放有白菜籽，大白菜是歷史久遠、寒冷北方非常重要的窖藏食物，我想像幾千年前的人們是怎麼料理大白菜的呢？是在溪水邊，放在熱水裡清煮到軟、吃它原味就好麼？是在石頭上火烤到微焦嗎？是生的吃、就心滿意足了麼？

要是五千年前人們的魂魄來到現世的人間，看到我們將大白菜用梨、蘋果、辣椒粉來醃漬，或是用蝦米和泡軟的段木香菇絲來煨煮，或是在宜蘭的那方土地上，人們發展出以蛋酥、豬肉絲、香菇、魚皮一起帶出高湯濃美的西滷肉，恐怕會忍

烤奶油白菜

材料：

大白菜半顆、蒜頭、蘑菇、粉蔥、培根、胡蘿蔔絲、焗烤乳酪

奶油白醬汁：牛奶一杯、奶油一小塊、麵粉適量、鹽和胡椒

作法：

❶ 先將烤箱一百八十度預熱十分鐘。

❷ 將大白菜一葉葉剝開。大白菜栽種期長、菜蟲較多，清洗時要多多注意隱匿其中的小菜蟲。然後將大白菜切成片狀。

❸ 起油鍋，將拍碎的蒜頭煸香，注意別讓蒜頭過焦以免苦味。

❹ 放入切小片的培根肉慢慢炒到培根的香氣出來。再放入蘑菇片（無亦可）與粉蔥切成段、胡蘿蔔絲，炒到胡蘿蔔絲變軟即可。

❺ 此時再將洗好切好的大白菜放入鍋內一起燜炒，可加點水、蓋上鍋蓋，煮到大白菜變軟。

❻ 將這一鍋煮好的大白菜倒在烤盤裡。

❼ 一樣的炒鍋再倒入一點油加熱，然後將牛奶、奶油、麵粉、

適量的鹽和胡椒一起炒到均勻揉合，無麵粉塊即可。然後將上一個步驟的大白菜汁倒入鍋內的奶油白醬汁裡，兩者加熱到融為一體。

❽ 熄火。將煮好的奶油白醬汁倒入烤盤內，把煮好的大白菜給均勻覆蓋過即可。

❾ 再把乳酪絲均勻的鋪在大白菜上面，要鋪蓋滿。

❿ 將烤盤置入烤箱，以一百八十度約烤三十分鐘。烤到乳酪絲成為漂亮的焦褐色即可，焗烤時間的長短請依自家烤箱斟酌。

不住嘖嘖讚賞了。我們可是非常懂得享用大白菜的民族。詩人韓愈說「早菘細切肥牛肚」，這「菘」就是當時大白菜的名字，蘇東坡也吟寫過「白菘似羔豚，冒土出熊蹯」，文人吟詠美食總是分外高雅有畫面，也可見古人對大白菜的食用喜與肉類相互搭配，大白菜的口感清新無雜，加點兒葷，確實討孩子喜歡。

我喜歡茶樓裡的焗烤奶油白菜，可不知為何就是奇貴，通常一小盅要賣兩百塊錢以上，但這道料理用料平實、亦無須太過複雜的功夫，自己在家有個小烤箱就很容易做了，這春天還有這麼美盛的大白菜在農田或菜市場裡，來來來，不如我們來做點烤奶油白菜，用台灣自己種植的小麥做成的喜願麵粉，烤箱打開的那一霎那，就彷彿見到了農友的笑容、麥田翻浪的金黃、白菜農田的粉綠，和孩子對撲鼻香氣、縈繞滿室的拍手歡呼了。

吃花，與娃娃菜

婦人煮飯也要懂得開發新領域，才能不困窘，
才能建立一方廚房廣大、有趣的天空。
因此，我試著了解，可否吃花。

好友全家從義大利旅途歸來，說最難忘的一餐是偶然在路邊小館吃到的炸櫛瓜花，內餡鑲隱著蝦肉泥，盛美金黃的花苞外，裹覆著喀滋喀滋的脆挺麵衣，他那在家鄉小島從未嚐吃過花朵的孩子們，竟因為異鄉吃花的經驗，而覺受到十幾天奔波於美術館與教堂之間、趕集似的旅程，其筋骨皮肉，終於得到了紓解。

聽聞台中已有農友種植櫛瓜花供應給幾家高級歐式餐館，我刻意上了幾次士東市場、東門市場和濱江市場去找尋而皆無所獲，我的想像是，櫛瓜花天婦羅（內餡就放乳酪吧）和炸澎湖牡蠣、白米飯、荔枝啤酒，應是美妙合拍的搭配。雖然這兩年始終沒找到本地產的櫛瓜花，可我相信，既然櫛瓜已屬常見，總有一天櫛瓜花也會在某個市集的攤位與我相遇吧。

說到吃花，感覺是風雅的，但其實也是陌生的。幸好我對於不熟的食材料理總是好奇，每日總不能只在地瓜葉、青江菜、芥菜、花椰菜、空心菜等等的範疇內打轉，婦人煮飯也要懂得開發新領域，才能不困窘，才能建立一方廚房廣大、有趣的天空。因此，我試著了解，可否吃花。

最熟悉的可食花，就是田埂邊常見的金針花了，甚至山坡野地也處處有它堅強美

麗生命的蹤跡。我曾依仿報紙介紹餐廳所示範的一道食譜做金針花湯，很簡單，高湯裡放蔥蒜、土豆絲、金針花和自家捏製的肉丸（豬或牛皆可，湯滾沸以後再輕輕放入，只要不用力攪拌就算無裹粉，小丸子也可定型），就這樣一小鍋什麼營養都有了，且好看、清香。

農委會農糧署也曾報導過酥炸野薑花，這明豔的花朵香氣經過高溫油炸，會呈現出什麼樣的風味呢？我問孩子們想不想嘗試看看，孩子清亮透澈的語氣說，好啊。嗯，下回等到市場口、那對穿雨靴的賣花老夫妻帶野薑花來，不妨下廚一試。

前幾天讀到作家周芬娜寫她家院子的梨花開滿樹，梨花可炸食，這我第一次聽到。但小時候回金瓜寮鄉下，吃過叔公親手炸的南瓜花，他囑我到後院餵食滿山亂跑的雞群們吃玉米粒，然後再摘下藤蔓爬滿地的南瓜花給他。

摘南瓜花讓我在陽光下孤獨萬分，山間寂靜，時光都停止，最後我捧了二十多朵的南瓜花到灶腳。叔公手腳甚俐落，只見他摘去花蕊，略微清洗後晾乾去水分，花身毫無損傷，顏色呈杏黃金色，不一會兒一大盤裹著酥脆麵衣的南瓜花就端了出來。鄉下生活的充飢點心並不講究氛圍或營養分析，講的是就地取材、隨手隨地隨性，這段停格多年已滄桑泛黃的畫面，伴隨著叔公擅獵山豬的身影，年輕時即喪偶的他，遂自此成為我童年心中的溫柔英雄。

櫛瓜花、金針花、南瓜花，我還試著去研究菊花。《楚辭．離騷》裡有「朝飲木蘭之墜露兮，夕餐秋菊之落英」，幾千年前屈原就以「喝了清晨玉蘭花墜落下來的露水、食用夕陽下菊花的苞蕾」，來形繪當時生活的情境，這裡不談文字訓詁，我只想知道，這菊花究竟是怎麼吃呢？聽說蘇東坡春天食菊苗，夏天食菊葉，秋天食菊花，冬天食菊根，一年四季他都吃菊，且整株可食，令人驚嘆。我亦讀過高雅的古文說「無物咽清甘，和露嚼野菊」，可見古人愛菊，連生食都可以。

如今在台灣吃菊，最親近的方式就是到苗栗銅鑼鄉，杭菊的產地去走走，銅鑼鄉農會自民國六〇年代中開始輔導當地農民種植杭菊，經過二十多年的努力與技術成熟，每年的十一月至十二月杭菊收成時，輕風拂過花海，這可比大陸進口的杭

菊清香潔淨甚多。

當地的客家餐廳研發出多道菊花料理，用杭菊花朵與芹菜葉煎成香氣四溢的麵糊餅，將芹與菊的特有香氣相容，老小皆愛。我最喜歡的是拿杭菊花與蝦肉泥一起酥炸呈球，蝦肉甜美帶引出菊花的淡香，唇舌之間，只有清新。還有，用杭菊花與紅棗燉煮雞湯，這也美妙，我們都愛雞湯，像這樣的新口味最是富含台灣風味的。

買杭菊時，我會再三確認是否台灣種植、烘焙的杭菊。菊花明目清心、通神延壽，我最簡單的婦人日日杭菊養生法，就是將杭菊花與枸杞放在熱水裡，保溫杯包包裡帶著，即使外出也隨時可飲。

丈夫與孩子們經常啜飲菊花茶來保健，這可不是便利商店那些化學人工香料，以扭曲不誠懇的廣告詞兒所包裝成茶湯茶水的工廠生產線寶特瓶，可比擬的人間天然花茶香。有時我喜歡追求古人的老生活，千百年前，他們定然也這樣喝菊花。

除了花，最近我也發現市場上一款新的蔬菜，娃娃菜，亦有人稱之為人參菜，此乃近兩年來的新興蔬菜，其實，它的口感和中藥材人參是無關的，只不過它在莖上所生長的一朵一朵嫩芽、形如人參罷了，莖芽顏色乃透翠新綠，逢過年前價錢好，一斤約賣八十塊錢，等到農曆年過後，一斤即跌落到四十多塊錢，莖心與嫩芽保持乾燥即耐存放，選購時只要挑選芽朵堅挺無脫落的、就是新鮮好貨。

看到陌生的菜，只要請教賣菜阿姨這該如何料理，不僅她會熱心傳授撇步，連攤子邊的婆婆媽媽們也會一起熱血獻計、毫無藏私，菜市場真是一個活生生、高溫的婦人網絡，我在這裡所找到的做飯靈感，有時遠勝於網路上滑鼠點來點去的寂寞與無趣，網路食譜站縱使圖片拍攝得再美，擺盤、顏色、雕刻、文字皆精心呈現，卻都沒有菜市場陌生大嬸所解說的動人有度。我們樂於在菜市場奉獻出手勢、語氣、眼神、用詞，無一不真，婦人們在菜市場偶遇交會，既不求點閱率也無須按讚，所有的開放交流，只為我們了解彼此在家裡下廚的迷惘與情感。

賣菜阿姨教我說，人參菜吃起來如芥菜心的脆，卻沒有一般芥菜隱藏的淡苦味，用大火鑊氣快炒的話，甚至帶有甘甜的清嫩。我依她話很有信心的秤了兩斤多回家，先用沸水燙了十秒鐘，然後盡可能大火快炒，果真好吃非常！孩子們也很歡喜餐桌上此後又多了一道好料可享用。

娃娃菜係屬高冷地區的作物，夏天非盛產季，所以，趁著春與秋冬的時節，能同時享用莖與芽的菜蔬不多，請煮煮看本地農友新開發的娃娃菜吧。

肉絲炒娃娃菜

材料：

里肌肉切成絲、蒜頭、娃娃菜、鹽、胡椒

作法：

❶ 將娃娃菜的嫩芽掐下來，斜切成薄片。

❷ 將娃娃菜的莖梗削去厚皮，然後也斜切成適口薄片。

❸ 起油鍋，將蒜頭拍碎後以小火爆香，請勿讓蒜頭帶焦以免造成苦味。

❹ 蒜頭爆香以後，將肉絲一起炒到五分熟，起鍋。

❺ 原鍋加熱，此時轉中火倒入已切成薄片的娃娃菜，拌炒到五分熟時加一小碗水，蓋上鍋子讓它燜煮約五分鐘。

❻ 打開鍋蓋倒入肉絲一起拌炒，起鍋前加入一點鹽和胡椒調味。

新鮮百合

秋天的冷雨落在淡水百年龍山寺的菜市場，或許因為挾帶著出海口的風，吹過身上更感受季節的清冽，此老菜市場有許多老農攜著一小籃自己栽種、貌甚不規格化的蔬菜蹲在路邊賣，能在這兒看到新鮮百合球，哇，真是難得！

百合是可入藥的昂貴食材，富含蛋白質、澱粉、脂肪，典籍上描述它其形似蒜、其味似薯，性平、味甘微苦，因為滋陰健脾、養心安神，能幫助好睡，且秋天食用最佳，所以我會在這時節時而調煮百合、時而烹飪蓮藕，來安孩子們和丈夫的心與眠，心神好，人生才有好的可能。

挑選百合最好是肉厚、潔白，乾燥後冷藏。料理的方式很簡單，可炒蘆筍，炒蝦仁，或炒赤肉片。或是百合蓮子粥當甜點，將蓮子、百合、白米和一點冰糖與紅棗煮到滾熟即可。

除了賣新鮮的百合片，這位爽朗農婦也賣百合球莖讓客人回家自己種，三球五十元。誰說菜市場只有買菜呢，瞧這淡水老菜市場充滿了野趣，泥土的芬芳氣息在這小地攤上，自顧自的漫漾開來。

過貓與五塊錢

她今日從田邊為我帶來的，可是美麗、鮮嫩、身體裡最渴望的真食物，
我感謝她，我願意付給她心裡想要的、一點都不過分的價錢。

羅東公園那一片高大的落羽松，經常迷惑著我們不知不覺、無計畫性的往南移動到那兒去，在松樹下安安靜靜的呼吸漫步，綠頭鴨和黑天鵝池塘裡晃著划著，氣氛是什麼都不必多說的一種淡定，然後再轉往民生市場去吃碗熱湯圓，買幾把台北少見的野菜，這就是屬於我台北女人的羅東。

那天在羅東市場上看見一老婦蹲著整理她面前的芥菜、鵝仔菜，角落裡用一個小塑膠杯裝著一小撮過貓。老人家怕過貓在攤子裡乾萎掉不漂亮了，特地用小水杯保護著，雖然，只有小小的一撮，是很少的錢，不是今天謀生的主力，但老人家依然珍藏這一份收穫。

我蹲下來拿起這把過貓，杯子裡的水猶冰冰涼涼，因此刻羅東正飄著春雨。這一小撮過貓一望即知不是專業的栽培，是真正的水邊野菜，因為它不肥美、葉莖細嫩柔軟得近乎嬌貴、不堪使力一握，它應該是在老婦的一小方農田溪邊、自顧自生長著，老婦今天早上收成芥菜、鵝仔菜時，就順手摘了這麼一些來路邊賣。

老人家甚至將這把過貓完全整理好了，每一寸都是新嫩，不需任何的裁邊浪費、每一吋皆可入鍋，我買過無數次過貓，經驗告訴我，眼前這小小的一撮過溝菜蕨屬植物，是極品，一定好吃！這肯定是幾百年前，人們吃的那種未被馴化的過貓

過溝菜蕨俗稱過貓，
這來自新店山區的野生過貓尤其濃綠厚實、黏液十足。嫩芽捲曲是上等。

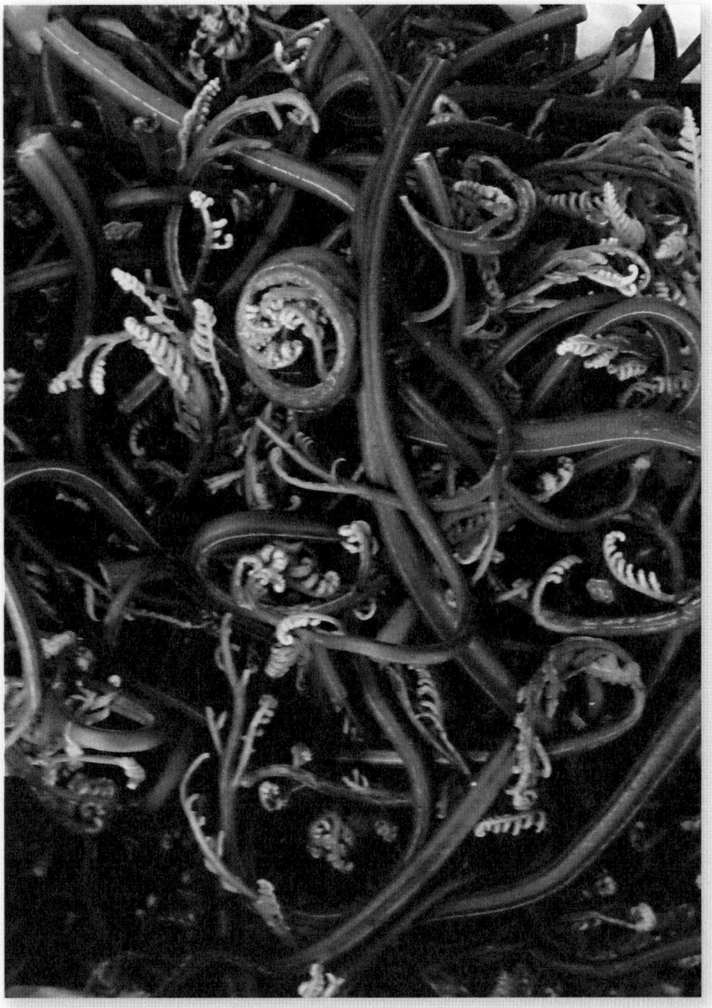

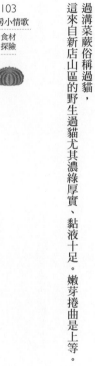

味道。

我說，阿姨，請問這些過貓怎麼賣？

我的眼光從野菜轉到老婦身上，估計老人大約有八十歲了。想像她清晨在雨中農田工作，雙手是怎樣的辛勞，這過貓經她一根一根的採、摘、整、洗，蹲在田溪邊的一生。

老人很熱情的回答我，這過貓是我今天早上現挽的，本來想要賣四十塊，啊今嘛已經十一點了，要收攤了，賣你三十五塊就好，好不好？

我趕緊掏出身上的零錢，誠敬的遞給老人家四十塊錢。

我說，阿姨，這菜這麼漂亮，你不用算我便宜，你想賣四十塊就四十塊，我兩個小孩一定很愛吃的！謝謝你！我如果再來羅東買菜，一定來找你！

我感受到老人家是擔心我掉頭而去，生意做不成，擔心這把過貓乏人問津、遇不到有緣人，她老實不擅做生意，看不出來我臉上對這過貓的驚喜，因此急急降價。

而我怎麼能少給她這該給的五塊錢呢。她今日從田邊為我帶來的，可是美麗、鮮嫩、我身體最渴望的真食物，我感謝她，我願意付給她心裡想要的、一點都不過分的價錢。

回家以後，我很自信的跳過各路廚師都建議先汆燙以去澀的步驟，直接將這把過貓入鍋內大火快炒，也沒有加XO干貝醬來佐味，豆豉肉絲亦無，只有蒜頭爆香與一點點海鹽，我篤定這把偶遇的極品過貓，不會澀，只會嫩，入口只有美。

吃起來，確實就是這樣啊。

吳春蓉的貢寮角菜

像角菜這樣有特殊氣味的野菜，在一般市場並不容易看到，但山區小農尤其是老人家，總會種上一小畦供自己吃、並兼賣些給識貨者。

角菜是野菜，有著淡淡菊花的氣息，我認為吃野菜是一件飲食上回歸浪漫的事，坐在水晶燈下吃栗子蒙布朗喝耶加雪菲雖然很不錯，但，能夠在日常三餐裡像古早人那樣，吃點兒水湄渠邊和坡旁的野生可食青草，豈不更摻揉著微風細露的土地氣味，角菜，就是我今年開始愛上的野菜。

看這彎腰市集的攤子上，有好多來自貢寮的角菜！原來貢寮不是只有海膽、石花和核四，貢寮還有角菜、川七、地瓜葉和稻米。

我甚期待逛逛每月第三個週日舉辦的「彎腰市集」，它規模小小的，但每次皆有主題不同、小巧細緻的手作課，有一回我的孩子就在這裡和許多年輕女孩坐在一起，跟老師學習裁剪縫製自己的和風便當袋，且「彎腰」這名字又是多麼生動、謙卑、貼切，我們吃的東西都是農人在田裡彎著腰，一步一步、一行一行、一日一日的種植結果，彎腰，我們在人生裡彎腰，代表勞動，也意味著敬天。

彎腰市集約只有十來個小農攤位，之前落腳在寶藏巖，最近則遷移到麗水街生活圈，除了擁有一般露天市集的自由性格（當令農產品顏色鮮美，農人的笑容質樸爽朗，市集很容易讓人生風調雨順、五穀豐收之感，雖然，其實氣候不是一直都

那麼穩的、收成不是一直都很高），它還有一個強烈訴求是農村土地改革，支持小農復耕計畫，與農民們站在一起反對各種粗魯型態的土地徵收，所以這市集農夫的血特別熱，對於捍衛自己家鄉農田的所有權，是用命來拚，想想若不是有農民矢志於田，他們除了要拿起鋤頭在田裡工作，有時還要頭綁布條到台北不斷吶喊抗爭，而我們城裡人一旦面臨無米可吃的困境，還能

談什麼理想或小確幸。所以我至少用購買，來支持彎腰市集。何況這市集裡的每樣食材，無一不新鮮好吃、原味烹調就收攏人心。

來說說這來自家鄉貢寮、吳春蓉女士手裡的角菜。

像角菜這種有特殊氣味的野菜，在一般市場並不易看到，但山區小農尤其是老人家，總會種上一小畦供自己吃、並兼賣些給識貨者。

角菜又叫鴨掌艾，客家人稱為甜菜，閩南人因它的花朵小巧潔瑩、美麗非常，故喚它做珍珠菜，多年生草本菊科，經常蔓生於農田的畦溝旁或河川兩岸潮濕地，有綠莖種和赤莖種，很少嚴重病蟲害、所以不需噴灑農藥。

它的營養成分可不因其野生性格而遜色，完全不比菠菜差，婦女在照顧家人健康時最在意的功能，角菜全都包了，它可以促進骨骼發育和新陳代謝，增進食慾、造血強身，是我們台灣人鄉間的菜，是不造成農地負擔與水源汙染的蔬菜（因無農藥和化肥之慮），是老天爺賜給人類的可吃、好吃草。

角菜洗乾淨以後，切成細段，可以這樣料理：

▼加一點油和拍碎的蒜末，煮成角菜蛋花湯。

▼或是和排骨或貢丸，煮一鍋清香帶肉的湯。

▼炒海瓜子或蛤蜊，以角菜代替九層塔，風味更甚。

客家人叫它甜菜，顧名思義，角菜所帶給舌尖上天然的甘甜，芬芳難忘。

補記：

後來回家上網google這位帶著貢寮野菜來賣的吳春蓉女士，才知道她是東北角聯盟發起人，為了保護貢寮百年來的良田，毅然辭去城市安逸的大學教職，返回家鄉，和鄉民一起進行永無止境的反核與反土地徵收社會運動。平時她也種菜，並成立貢寮原生種的種子保存區，以對抗孟山都這基因改良的國際怪獸侵襲，故特地與她電子郵件往返，感謝她的熱血與對抗。

我又買了一瓶她當天早上才熬製好的蘋果草莓醬，那是她當年在法國求學時，受邀到羅亞爾河畔莊園的老師家吃飯，跟師母學到的法式家庭手工果醬。草莓是來自貢寮的瘦小草莓，蘋果是叔叔種的貢寮酸澀小蘋果，我們打開挖了一小匙含在嘴裡，哇，不是武陵的高海拔蘋果，不是苗栗山區的草莓，產地大大顛覆了，是東北岸海風吹拂下的草莓和蘋果，一切原生而古老，忍不住吃了一匙，又再一匙。

山中筍

我蹲下來就著沁涼的溪水將筍子一根根清洗，每根筍子對我都有意義，全都是媽媽的山中筍。鳥兒啊，你們可也想嚐嚐我老母親所依戀的野筍子？

這走上山的緣起，是因為近八十歲的媽媽電話裡說，天氣熱好想吃滷竹筍，筍汁裡的五花肉再放一點辣椒絲，溼潺天配白飯，讓有時勇健有時病恙的她，可以一口氣吃下兩碗。

而她是真的想吃滷竹筍？還是她老去的意識裡懷念著家鄉金瓜寮而不自知？或者，是深山裡掘筍的踽踽獨行，能勾她憶起靜婉的童年？可是那金瓜寮溪幽細的潺潺聲呼喚著她麼？恐怕這一切，和吃滷竹筍的慾望牢牢糾纏著，媽媽都分不清了。

跟著媽媽幾十年，我知道她從不願在市場買任何型態的筍子，她覺得筍子何須花錢去買，筍子漫山遍野自然長成一片，帶著刀子和手套去找就有了，她只吃自己掘的筍子，野筍明明多偏苦，是沒有馴化的野味，她卻固執的說她只吃到甘甜。

而除了在溪邊等著媽媽自某條祕密山徑扛回來的新出土野筍，我也有我自己的買筍之路。

逢綠竹筍大出的季節，不必到菜市場去找尋標榜來自觀音山或拉拉山的筍子，我只消在清晨六點多，走過一條玉蘭花、緬梔花的香郁飄散在夏日微風的下坡路，步行到巷口再過一個紅綠燈，就是成功路四段了，穿過斑馬線，即可看到有位六十多歲的婦人和她四十餘歲兒子正蹲坐在家門前，從大麻袋裡倒滾出破曉時分、甫從五指山頭挖掘出土的綠竹筍，那又彎又厚的筍子，溼濘濘的、整隻都包覆著黏黏的泥巴。

只見婦人手腳俐落的用自來水滌盡泥巴以後，筍子就露出它迷人的霧面金色了，一斤賣八十到一百二十塊錢，端賴當天果菜市場的批發價做參考。她兒子每天的收成不過二、三十斤，往往早晨七點多鐘就賣光了，上班前環大湖練路跑的中年男人、爬完鷺鷥山準備回家的銀髮夫妻、特地騎摩托車前來的年輕媽媽都是主顧客，這麼新鮮、安心、少量、美麗、品質上乘的綠竹筍，不需擔心是否泡過藥水漂白防腐或是退過冰隔天再賣，這對母子賣著的，是最少里程數、是喚醒夏天的筍子。

我總是請老闆幫我挑選秤個兩斤，出土的筍可它還是活著的，為防止纖維持續老化，我得趕緊回家進廚房去將它們用電鍋蒸熟。然後脫了它的金殼，將白如冰玉的細筍肉切成薄片，做成原味如水梨般清甜的切片沙拉筍，或是熬一鍋湯汁濃白的排骨湯，偶而就變化成媽媽最愛的一鍋油燜筍。

蝸居於大台北市，吃筍竟可以是如此容易的事情。一個夏天又一個夏天，內湖區的街頭，只要你稍加留意，生長於五指山、內溝溪、白石湖、碧山巖等各處的筍子，在這氣溫三十四度的悶夏，兩個月內新鮮茂盛地供應。是最短的碳足跡，最身土不二的飲食。

媽媽終究老了，每回她吵著要我們帶她回金瓜寮挖筍，我總擔心她獨自身繫鐮刀足套雨靴，萬一失足了，多麼危險！我說，我買五指山的綠竹筍給你啊，又甜又新鮮，也不貴，人家兒子每年很用心種的，媽你吃吃看嘛。

可媽媽總大聲回我，金瓜寮的野筍才有味道，別人賣的筍子一斤八十、一百的，五斤就得花上幾百塊，她不要。老人家的思想如逝去時光般無從轉逆，一個近八十歲的婦人執拗要自己帶刀、背麻袋，隱入山徑去破土挖尋竹林下的寶物，找到了，就使力砍啊砍的、挖啊挖的。你阻擋不了一個老人在山裡找回自己的意志。

可別以為掘野筍沒什麼困難，我真的試過。我這雙長年坐在電腦桌前打企畫案的手，也種蘭花、也抱得住十歲的孩子，但掘筍之路，我完全不敵媽媽那雙老手的蒼勁與豪力，野筍並不生於平坦山徑，大量的野筍在那崎嶇陡峭的高深之處，野草高群，拉著藤枝，那路啊我連爬都爬不上去。

媽媽回頭望著氣喘吁吁的我說，你別勉強了，害我還得照顧你，我沒空哪，你趕快回頭去溪邊等我吧。

最後我只能癡癡望著媽媽的老背影遁入林深不知處，在她身後呢喃著，媽你要小心啊，你手上拿著刀子開路很危險，要走好扶好，可千萬別跌倒、迷路了，我們就坐在溪邊等你回來，別去太久，挖太多背不動也危險，唉，萬一遇到山豬可怎麼辦呢。

媽媽的台味油燜筍

材料：

桂竹筍或綠竹筍或麻筍皆可、五花肉、蒜頭拍碎

調味料：醬油、米酒、鹽、糖、辣椒（視個人喜好）

作法：

❶ 五花肉先汆燙去血水，切成適口大小的塊狀。

❷ 先將筍子入冷水煮到滾以後，中火煮十分鐘，撈起，瀝乾。再將筍子切成適口的塊狀（若是桂竹筍則切成粗絲狀）。

❸ 瓦斯爐開中火，一點沙拉油將蒜頭爆香，然後放五花肉一起拌炒到表面呈褐色，再放入筍子與蔥和辣椒一起拌炒到筍子也呈一點點赤色。

❹ 然後加入米酒、醬油、鹽、糖和一點水，繼續中小火炒十分鐘左右，感覺筍子和肉有略上色，再蓋上鍋子小火沸騰二十分鐘，關火，燜一小時或隔一晚會更入味。

附註：

如果不放五花肉，用雞湯、雞油和朴菜一起與筍子煮，就是另一種客家風味的油燜筍了。

雪隧通車以後，假日的金瓜寮更安靜了，旅人們都穿越過雪山山脈到蘭陽平原去泡湯度假了吧。坪林這兒好幾個村落是被遊人遺忘的樂土，當地鄉公所嚴厲施行的禁漁政策，讓北勢溪在這林脈中百年不變的蜿蜒出魚蝦悠游，各種蕨類在邊坡聳然矗立著，如果你願意花兩個鐘頭什麼也不做的蹲在溪邊無聲凝視，就可以看到溪水中的魚蝦纖細明透，牠們的泳姿精靈迅敏，是水中優雅的霸主。

大粗坑聚落是我最愛的步道，常綠的林相在流麗透明的光線下，沉默而生動，東方狗脊蕨的不定芽因風吹而飛落到溪澗，順著流水就這麼一路繁衍到整座坪林的山脈，我對存活於地球已億萬年的蕨類甚是鍾愛，這低等生物不僅永遠造就了各海拔的林相，它也造就城市裡街景的角落綠潤潤的一片。坪林的蕨，最綠，最捲，最巨健，也最富神祕的氣息。

等待媽媽掘筍歸來的坪林山中，靜謐如斯，風兒吹拂，蕨兒茂密，媽媽自小即是孤女，她在這座小山頭餵豬種菜長大成人，與同村的父親相識相戀，生下我們五個手足，如今戀人已逝永遠離去，媽媽掘筍獨行的心裡，風在她耳畔吹過，我從沒有問過她這十幾年來的孤枕是否難眠，她心裡必深深懷想著這一生曾與爸爸共渡的青春時光吧，所以無論如何她不感覺埋葬爸爸地方的野筍有苦。

約莫兩個小時過後，媽媽終於背著沉甸甸的麻袋、滿身是汗地鑽出小徑、出現眼前。我們趕緊接過她的刀子、斗笠與麻袋，倒出好幾十斤重的收穫，這些野生的筍子個頭通常偏小、有的甚至還出青了，沒有任何人為的照顧、一切是老天爺雨露和日光的灌溉，落葉與動物蟲子的排遺是唯一的肥料吧，但天然野味的苦也會回甘喔。

我蹲下來就著沁涼的溪水將筍子一根根清洗，每根筍子對我都有意義，全都是媽媽的山中筍。幾隻鉛色水鶇突然飛過來，停在溪石上與我對望，我知曉牠們是領域性極強的一種鳥，纖細的嘴、朱紅色的尾巴、歌鳴婉轉、體態迷人，鳥兒啊，你們可也是想嚐嚐我老母親所依戀的野筍子？

於是我擁有一再回返金瓜寮的理由，風蕨鳥魚、山林冷靜，北勢溪山谷的清音伴著阿公親手種下的百年老楊梅樹，媽媽的油燜筍，她永遠的鄉愁。

背包的桂竹筍

可認得我肩後的背包，除了粉蔥，還有什麼。

我在台灣博物館地球日的綠色市集，買了一些泰雅族比亞外部落的帶殼桂竹筍（桂竹筍非筍體，而是冒出地表的幼竹），沿路有中年老外、年輕大學生、時髦仕女好奇跑來問我，你包包這幾支長如劍的東西是什麼。也有一位慢跑者跑來問你這是劍筍麼。原來各種筍子，即使常吃如桂竹筍，一但帶著殼兒，也不是人人皆認得。

還有博物館的一位警衛，一邊站崗一邊現場指導我如何徒手去桂竹筍殼，他說桂竹筍出土以後老化的快，回家要趕緊水煮去青、過冷開水後冷藏保存，他從小到大於三芝的家，每逢清明前後就有一大片野生桂竹筍可採，講到桂竹筍，他炯炯發亮的雙眼，他靦腆又興奮的笑容，在百年博物館巨大的多力克柱式和華麗花葉紋飾的山牆邊，令我難忘。

這是夏南瓜

它是非常隨和的食材，煎煮炒炸烤樣樣都適合，果肉的口感較之小黃瓜細緻，葫蘆科南瓜屬，據說是歐洲最普遍的萬能蔬菜，難不倒任何一個煮飯人。

美食無國界，只要多認識市場裡的異國風食材，就可以在家裡一面看喜歡的電視，一面配墨魚燉飯或酪梨沙拉喝啤酒了。今天我遇到的是夏南瓜。

這些只比燕巢的珍珠芭樂個頭再大一點點的夏南瓜，紋路清新嫩綠、小巧可愛，是泰雅族比亞外部落的有機種植，一斤賣四十塊錢，我馬上秤了幾顆回家嚐鮮。

過去常常看 Jamie Oliver 在電視上料理夏南瓜，它是非常隨和的食材，煎煮炒炸烤樣樣都適合，果肉的口感較之小黃瓜更細緻，葫蘆科南瓜屬，據說是歐洲最普遍的萬能蔬菜，難不倒任何一個煮飯人。

為家人上菜時，我喜歡在餐桌上聊點兒食材的故事，傻裡傻氣的吃固然自在，但若能多知曉些食材背後的典故，吃起來就多了些「啊，原來是這樣」的一股（喂，夏南瓜我認識你喲）滋味。

夏南瓜是英文名 Summer Squash 的直接翻譯，義大利稱為 Zucchini，台灣習慣叫它是櫛瓜或美國南瓜，中國大陸則喚它是西葫蘆，果實有圓球形和類似小黃瓜的長條形兩種，外皮則黃色綠色皆有，不過，可別以為夏南瓜是夏季的產物呢，夏南瓜在溫帶國家喜歡涼涼的天氣和充足的日照，所以台灣炎熱的夏天種不起來，

得等到中南部的九月下旬到翌年三月才是台產夏南瓜的最好種植和收成季節。

既然是萬能蔬菜，就表示可隨心所欲的依個人手路去烹煮，我將它切片與肉絲或蝦仁一起快炒成為便當菜，我將它切成丁狀與蘑菇淋上橄欖油後放入烤箱烤，我也依照食譜把它刨成絲條狀，然後與橄欖油、鹽、檸檬汁、檸檬皮屑、辣椒絲拌在一起做成沙拉菜，它易熟、細肉的風味甚討喜。

我試著把它拿來和台產粳米一起做濃香的燉飯，一般食譜書會建議用義大利進口的 Arborio、Carnorali 自然熟

夏南瓜起士義式燉飯

非常需要時間與耐心的米料理，約四十分鐘。

材料：

夏南瓜切成丁、大蒜切末、洋蔥一顆切成適口碎片、橄欖油、蘑菇切片、適量台產梗米洗乾淨（一杯米是兩碗飯的量）、雞高湯或蔬菜高湯、起士粉、奶油

作法：

❶ 橄欖油爆香蒜末，如果孩子不吃蒜頭，可爆香後將略褐色的蒜末撈出。

❷ 再放入切好的夏南瓜於上述的熱油鍋內，把它小火慢慢炒軟，取出備用。

❸ 在原鍋內倒入些橄欖油，小火慢慢炒熱切碎的洋蔥和蘑菇片到微褐色。

❹ 把白米倒入洋蔥鍋內一起中火炒啊炒三分鐘讓米粒吸油。鍋內乾了時，倒些高湯下去但別淹過米，繼續炒，讓米粒在這溫熱的過程裡，一步一步吸收洋蔥與高湯的湯汁。高湯乾了時，再繼續添一些高湯，不斷重複這個動作，讓澱粉慢慢釋放出來。

❺ 約三十分鐘以後，試試看米飯的熟度、米芯的硬度是否是自己喜歡的硬度。

❻ 確認米飯已熟了以後，讓高湯收汁，加入起士粉，並依據高湯已有的鹹度決定是否還要再調鹹味，起鍋前加一小塊奶油調勻。

❼ 上燉飯囉。

附註：

特別日子想更夢幻的話，就在燉飯上鋪一些金橘色的沙蝦或胭脂蝦吧！

成的一年陳米才是燉飯（Risotto）正宗，但這些米在台售價實在太高，五百克約兩、三百元，若再加上配料、起士、奶油、白酒等採買，則成本實在頗高，另一方面我想，拿台產新鮮米來做燉飯的實驗或可激發出有趣的、意想不到的火花。吃燉飯的同時，若可以省成本、省食物里程碳足跡、可多支持台灣農友的米，口味正宗不正宗是主觀的認定，只要是好吃的燉飯就行，買義大利米煮一鍋道道地地的 Risotto 自有其意趣，用台灣米做燉飯，也可大受家人歡迎，都好。

我想起土地正義女俠洪箱女士說的，台灣是福地，種什麼就有什麼，確實是如此。幾年前進口的夏南瓜售價奇昂，如今，我們也有自己生產的新鮮夏南瓜了，而且品質穩定、多樣、便宜，好吃。這就是台灣的農夫，他們始終荷著鋤頭走在求知、學習、進步的道路上，他們是土地的哲學家，他們餵予我們存活溫飽的食物。

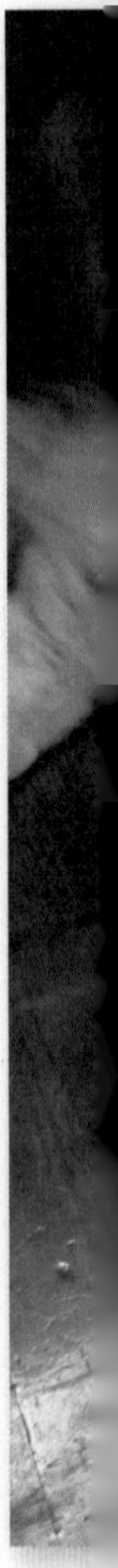

囤積南瓜在家裡慢慢熟成，瓜果豐實，可增添擺設之美。

夏南瓜烘蛋

材料：

夏南瓜、雞蛋、胡椒、鹽、橄欖油、蒜頭末

作法：

❶ 冷鍋倒入橄欖油，將蒜頭末爆香以後撈出。

❷ 夏南瓜對剖切成細片，置入步驟一的鍋內，將它炒軟。

❸ 用小碗將雞蛋打散成蛋液，並放入適量的鹽巴和胡椒粉調味。

❹ 將打好的蛋液倒入已炒軟的夏南瓜鍋內，小火耐心煎五分鐘直到赤褐色，再倒扣於磁盤內，翻面，放入煎鍋中續煎到熟即可。

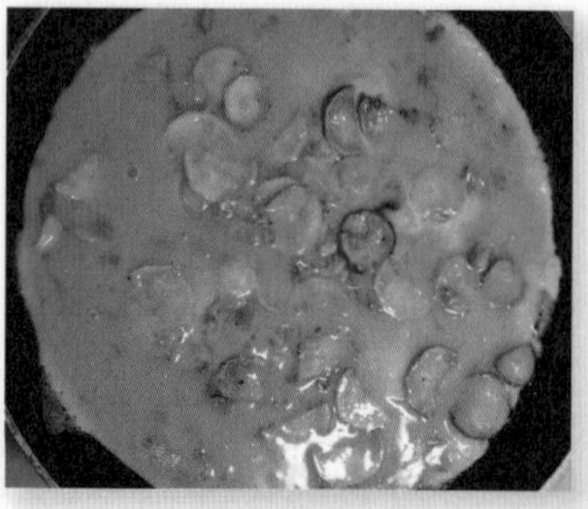

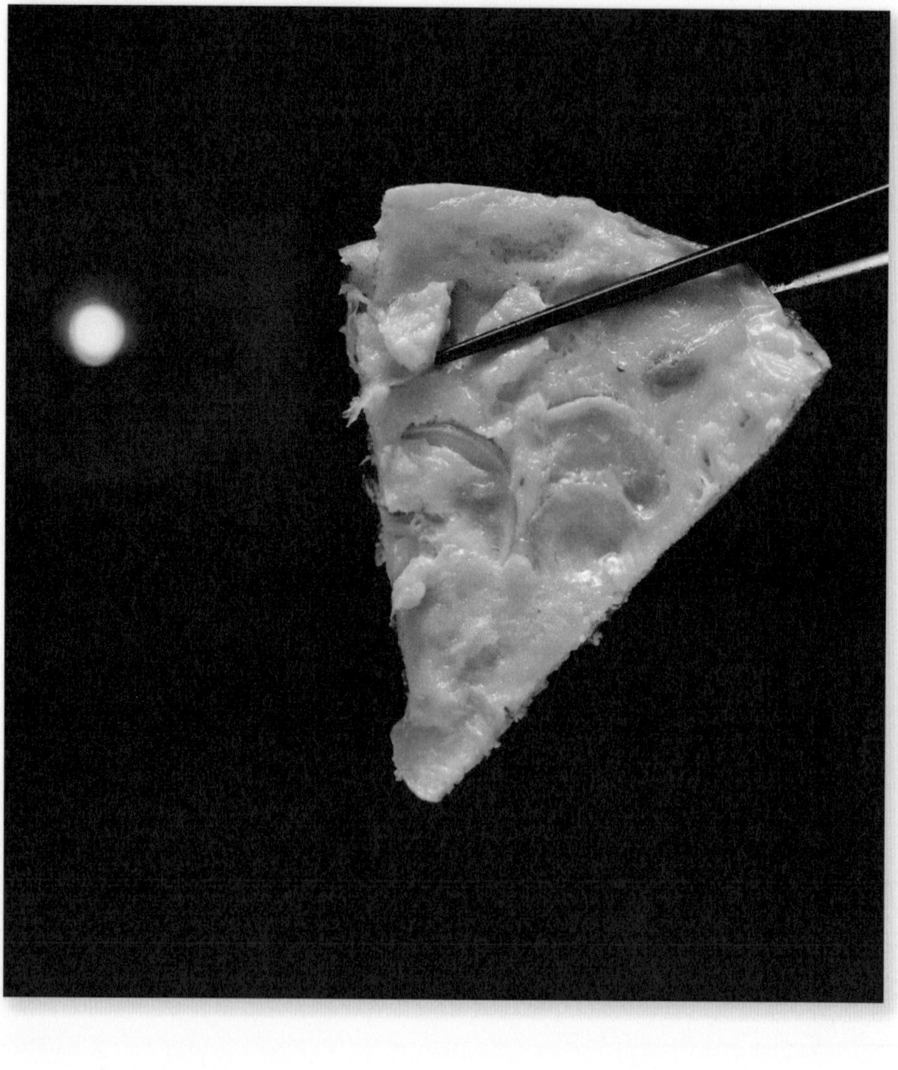

遇見花生豆腐腦

來自竹南大埔的客家媳婦，一臉白皙一身乾淨的在攤位上，介紹給客人她自己做的燒肉粽和花生豆腐腦，還有今兒一大早從她家農田渠邊所採摘來的野生過貓和山蘇。

聽到她說豆腐腦，我驀地想起由美濃農村田野學會所編輯的刊物《野上野下》，曾報導過美濃柚子林有位春嬌阿姨從民國六十八年至今，幾乎全年無休，一個人做花生豆腐腦到當地菜市場賣，那是婆婆媽媽們的菜市場早餐，也是美濃遊子年節返家必解的鄉愁滋味。

我趕緊買了一份來全家嚐嚐，此乃客家庄極具代表性的小吃，在台北城裡可遇而不可求。

我原以為豆腐腦有豆腐兩字，所以吃起來會像豆花般軟嫩，實則大大不然。老闆娘告訴我，花生豆腐腦和黃豆一點關係都沒有，它的原料只有兩種，就是新鮮花生和在來米，兩者泡過水、磨成漿後予以攪拌，再倒入模子裡等待冷卻，沒有任何添加物，百分之百的天然，吃了會飽、會有力氣、會心神愉快。

老闆娘非常用心，她搭配豆腐腦的醬汁非一般普通糖水，是村稼人的獨門祕方，將黑糖、砂糖、麥芽糖、薑和麻油（啊，竟然拿麻油來做甜醬汁，帶來甜以外的一股溫香味兒）一起熬煮，只需一小匙，就讓花生豆腐腦的Q勁與花生香氣，更多變而濃郁。

客家媳婦連醬汁都不肯放過，講究、究極的靈魂較之法國藍帶有過之而無不及。

我喜歡花生豆腐腦的滋味比豆花更多，白米和花生，原就是本地農產的驕傲，將它們組合起來，軟蜜潔Q、扎實纏綿，真是完美。

這秋葵為什麼黃了

以美醜來決定蔬菜的命運，委實浪費。
何況，B級品的外表，不妨礙A級的人生。

有時週日我會特地搭公車到內湖七三七菜市場找他買菜。

一年四季他總是留著兩側過長的鬢髮、足穿藍白拖或甚至打赤腳跑來跑去，面容因長年經山區紫外線曝照已黝黑。每天清晨他下到田裡把七八種葉菜都採好以後，便跳上小貨車從陽明山的永公路，蜿蜿蜒蜒的，開到內湖這兒來擺攤。十幾年流水過去，依憑這些三把五十或一斤六十的菜，養大他三個兒子。我們這些婦人識他的菜又鮮又甜，幾乎是快手用搶的，往往十點一過，青菜瓜果根莖，即所剩無幾。

我尤其喜歡他種的秋葵，清晨甫離枝頭，鮮度完全是遠途跋涉的大盤批發貨望塵莫及，毛茸茸、滑嫩嫩的，小於十公分長、纖細優雅。而超市雪櫃裡用保鮮膜包裹成一盒一盒的，我通常看不上眼，只因秋葵嬌嫩，一旦下了枝頭、逢溫度稍高就繼續老化衰萎，最好是買了就別流連耽擱，趕快把它帶回家冷藏，才能守住此長型蒴果的幼嫩清新口感。不然英國人怎麼喚它是美人指呢，就因它的柔荑是如此獨特難得。

別看秋葵長得平淡、缺話題性，這五到九月本地盛產的古老蔬菜，宋朝詩人喻良能就曾吟過它：「棟樑酣夕照，雉堞蔓秋葵。……烹鮮不勞力，餘事度陵詩。」

這些城牆外邊滋蔓群生的秋葵啊，歷百年至今依然是很好上手的菜，甚且我們還開發了更多關於秋葵的美味，探究出它的身家不凡。秋葵切開會拉出黏黏的絲，這黏黏汁液裡有水溶性纖維果膠、半乳聚糖和阿拉伯樹膠，此水溶性膳食纖維可降血壓和幫助消化、保護胃壁、促進食慾，更驚人的是，一百公克秋葵含有八十毫克的鈣，鈣含量完全不輸鮮奶，加上它草酸含量低，所以其吸收利用率可達五到六成，這卻又是鮮奶所不及的，對於成長中的孩子或亟需補充鈣質的婦女與老人，秋葵功能大矣，據說連非洲運動員都拿秋葵當首選蔬菜。

大部分的食譜書會建議料理秋葵前，將它削去蒂頭、並刷洗掉表皮的絨毛。可我從來不這麼做，出於愛惜，我們家總是食用一整根的秋葵，蒂頭的口感經汆燙後一樣好吃，而那如幼針般細微的絨毛在燈光下，更是新鮮無誤的鐵證，食用也無礙。既然我不去蒂頭、不修成求外觀好看的圓角，也無刷毛，烹飪秋葵就更省工了。

洗乾淨後，把它切成一小段、一小段的，就變成五角或六角形的綠色小星星，再放入味噌湯裡，小綠星星就浮漾在褐色的湯汁中，好看好食。除了味噌湯，也可

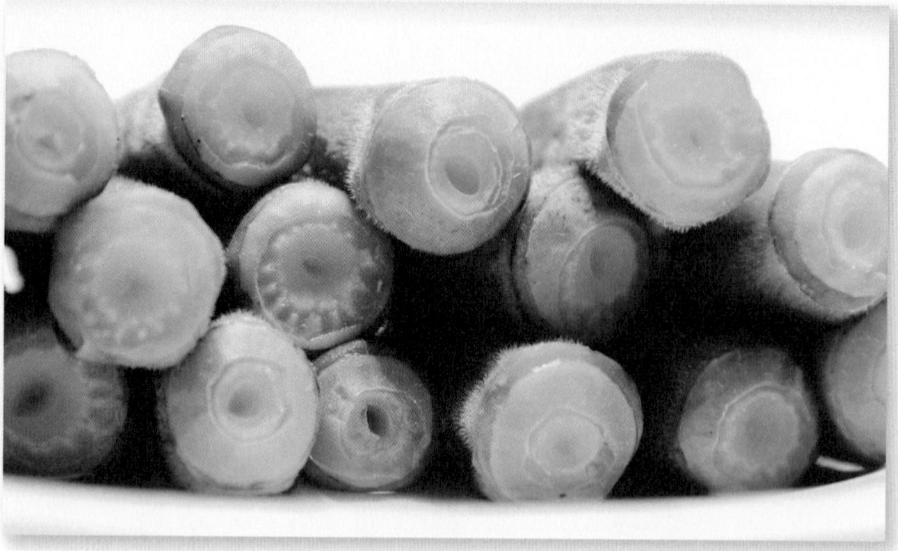

將它汆燙後沾蒜頭醬油簡單吃（我嗜辣，會剁入紅豔豔的辣椒碎）。若逢心情好想寵溺家人或是想追憶日本旅行的味道，我就把它和茄子、四季豆、南瓜、地瓜，一一裹上一層用冰水、蛋黃和低筋麵粉耐心做好的麵糊，炸成一大盤野蔬天婦羅，誰不愛秋葵天婦羅呢。

我還突發奇想的拿這些綠色小星星，和切細的蔥末一起煎成烘蛋，牽絲的秋葵與軟嫩的蛋液合體，三、五分鐘就是一道菜了。配稀飯或是便當菜，都適合，絕對不會失手。

今天的秋葵顏色較淡，他耐心跟我解釋為何今天的秋葵比較醜，為什麼這批秋葵色澤不濃綠且看起來黃黃的，黃，是因為正當它開花結果的後期遇上綿雨，造成某種程度的水傷，於是結出來的果實就沒那麼體面，也就是一般客人會說的醜了。

我拿起來端詳老半天，還好吧，完全不感覺這些秋葵哪裡醜，還是毛茸茸、幼咪咪的啊。以美醜來決定蔬菜的命運，委實浪費。

何況，B級品的外表，不妨礙A級的人生。

茴香

我所有關於茴香的常識，都是菜市場裡自己種茴香來賣的農人熱心告訴我的，茴香耐寒，喜歡充足日照，是台灣秋冬盛產作物，乃地中海沿岸人家的家常蔬菜，這兩年來它在本地菜市場日益多見，其球莖白中泛淺綠，葉子是羽狀複葉、非常優雅纖細，整株都可食用，我依隨農夫的料理建議、回家一再試做，樂趣無窮。

茴香不僅長得美，它的香氣濃郁特殊，一千五百年前的中醫學家陶弘景即說「煮臭肉，下少許即無臭氣，臭醬入末亦香，故曰茴香。」歐洲人喜歡拿它調和魚類以去腥，印度人喜歡把茴香籽融合在美妙多層次的咖哩裡面，甚至將茴香籽略烤過以後，飯後吃個一小勺以去除口中臭氣。

讓我們來學習如何簡單料理這多年生直立小草本。

茴香的根勿丟棄。把它的根鬚對剖成四小塊，和黃豆芽、胡蘿蔔丁、海帶一起煮湯，起鍋前再加入一點薑絲爆過的麻油，就是很營養也很天然美味的蔬食湯品。

茴香的莖與葉子可切碎後，與豬絞肉一起包水餃，讓吃慣高麗菜或青江菜水餃的家人，換換新鮮、香氣的口味，茴香水餃是茴香的經典吃法。或是將切碎的茴香葉拿來烘蛋。也可與皮蛋一起煮成茴香皮蛋粥，秋冬早餐吃正適宜。

至於茴香的球莖，可切成如洋蔥般的薄片，煎魚或肉排時，放在鍋邊一起料理，茴香加熱以後口感會變軟變甜，肉汁也因此生香料氣息，與肉類、海鮮類是絕配。台產洋蔥還未收成時，茴香是毫不遜色的替代。

認識了茴香，就是上菜又多了一手。下次上菜市場見到它，別因陌生又錯過了喲。

麴類的變化風味

日常烹調工作，有時我倚賴醬料來彌補我在廚藝上的不夠專精，懂得適度運用醬料，就能夠讓料理在短時間內產生一些細緻的風味變化。

拿到一顆大頭菜，除了用鹽巴、芫荽、香油來醃漬它，還有沒有可能以別的手法來更新大頭菜的味道呢？後來我發現，用鹽麴來醃漬切成薄片的大頭菜，菌種的風味讓大頭菜更添個性，爽脆的當令蔬菜一新家人耳目，因此讓飲食事略有驚喜，而此事無關乎我的手藝，完全是善於運用醬料的功勞。

日常烹調工作，有時我倚賴醬料來彌補我在廚藝上的不夠專精，懂得適度運用醬料，就能夠讓料理在短時間內產生一些細緻的風味變化，例如常見的鹽烤魚、鹽煎肉，若偶而用紅麴或鹽麴來取代細鹽，就會發現因發酵物和活菌的作用，使得魚肉的組織味道，更富層次，這就像是板豆腐的簡單豆香吃久了也不免小倦，此時來一小塊豆腐乳便格外讓人著迷。

所以壽喜燒醬、南丫島蒜蓉辣椒豆豉、飛魚卵干貝醬、紅蔥酥鴨油、西班牙燻鹽、法國鹽之花、皮朗克粗海鹽、阿里山山葵辣椒醬等等，都會整整齊齊地在冰箱櫥櫃裡站好，以備我隨時、隨手、隨靈感來變化食材的面貌。

常民手工釀的紅麴即是寶物。好友席拉從新竹竹東傳統市場，買來一罐客家老阿嬤親手釀製的紅麴相贈，透明的玻璃瓶裡漾著紅豔豔的麴，這是時間與雙手共同成就出的發酵，老人家所製作的食物往往味道最原始最單純，令人難以輕慢，我依席拉的建議舀了兩匙的紅麴來煎蛋，朝食以紅麴蛋配上一碗白飯、兩片海苔，多麼安穩飽實。

我又豪邁的將其餘約五百ＣＣ紅麴醬，拿來和一隻全雞共煮，薑塊與紅麴讓雞酒在腸胃裡無比暖熱，這是福州人的傳統料理，我煮過幾回，居家宴客時，此一大鍋紅色雞湯往往讓客人稱奇並呼嚕呼嚕喝個不停，誰說雞湯非得清澈不可。

一位建築師友人第一次喝紅麴雞湯，他從碗裡抬起頭來輕呼一聲，啊我肚子裡熱呼呼的，好像是女人家坐月子吃補的感覺，太好喝了！

除了竹東客家阿嬤的手工紅麴，我也經常運用這兩年在日本甚為風行的鹽麴醬，鹽麴不是新東西，是日本鄉間的傳統醃漬料，成分是鹽、米麴和冷水混合後，經固定時間的攪拌，靜待讓它發酵、熟成。我曾看過日本料理節目示範，拿它來醃菜、醃肉都好。

一小塊豬里肌肉我也珍貴待之，除了用粗海鹽、鹽之花或岩鹽來做燒烤的變化，這一次，就用鹽麴來轉換鹹的風味吧。

鹽麴煎豬里肌排

材料：

豬里肌肉排數片、鹽麴適量、檸檬一顆、橄欖油、胡椒粒研磨成粉、適量的黑柿番茄片或聖女小番茄、秋葵對剖成半、鴻禧菇或洋菇適量

作法：

❶ 將里肌肉排用鹽麴醃三小時至一天即可。

❷ 把檸檬放在桌上先用手略滾壓過，更容易擠出檸檬汁。

❸ 冷平底鍋倒入橄欖油，熱了以後，將醃好的里肌排放入鍋中，小番茄片、秋葵和菇蕈也放在豬排旁，一起用中小火煎到兩面褐熟以後，起鍋前灑下剛磨好的胡椒粉。

❹ 起鍋時擠上新鮮檸檬汁，更添風味。

小提醒：

番茄、秋葵和菇蕈可帶來豬排料理的顏色變化以及纖維的攝取，但不是主角、不宜太多，以免豬排在鍋裡受熱不均，風味遺損。

附註：

日本鹽麴據説新潟縣生產尤為指標，在台灣百貨公司超市的進口醬料區不難尋覓，但本土穀盛公司亦有生產米花鹽麴醬汁，五百公克售價約兩百二十元。穀盛是家講究食材、衛生與品質的在地企業，它多種風味的沙拉醬汁和咖哩塊亦甚受我的喜愛，比起日本進口的鹽麴，穀盛不僅在價格上大大勝出，並附有食譜，且更新鮮、一樣好用。

穀盛股份有限公司

0800-089-123　www.kokumori.com.tw

老蘿蔔乾

在市集逛到來自基隆暖暖的舞麥窯攤位，除了賣經典柑橘麵包、桑葚麵包、無花果棍子和香草綠橄欖，還賣婆婆親手做的十二年老蘿蔔乾，媳婦說「只要曬得夠、壓得緊、鹽的比例對，就存放數十年都不會壞。」一小包拿起來沉甸甸的，標籤上貼著「舞麥阿嬤的老蘿蔔乾」。

早先人類儲存食物的智慧與情感，總是如此深深打動我，究竟是誰的哪一個美麗的錯誤，發現那曬了又曬的一整條蘿蔔，不僅不會腐壞，多年以後當它烏黑到泛油光，還會更美味呢。是誰。是誰。是誰。

民間傳說陳年蘿蔔乾可入藥治中暑、乾咳、食慾不振，我想，眼前這包基隆阿嬤的老蘿蔔乾，珍存了十二年，足夠讓一個哇哇落地的嬰兒，長大成一個青澀有小喉結的國中生，那可真是一段細長如河的歲月，將近五千天這來自基隆人家甕子裡的老蘿蔔乾，其滋味必定很複方很奇幻吧，我遂買了兩包。

蘿蔔乾是非常方便又回甘的食材運用，有時我並不想花太多時間在廚房內外進進出出顧爐火只為煮一鍋大費周章的雞湯，這時把蒜頭、老蘿蔔乾與去過血水的雞肉塊放在一起煮，就是一盅的甘美了。

今天中午一人獨膳，我剪下一小塊烏黑如炭的老蘿蔔乾切碎，先在平底鍋內煸香，再抓一小把綠藤生技種植的新鮮芽菜一起炒個一分鐘，然後將略打散的蛋液倒進鍋內、與老蘿蔔乾、生芽菜做成小小圓圓的烘蛋，這鹹度剛好配一碗白米飯和海帶芽湯。

也可以這樣，把老蘿蔔乾若切成細碎，入平底鍋內爆一下，再倒入很多的青蔥末炒到香氣出來，接著放打散的蛋汁熱煎，再加一碗冷飯炒到勻，就是鑊鑊本土氣息十足的老菜脯蛋炒飯了。

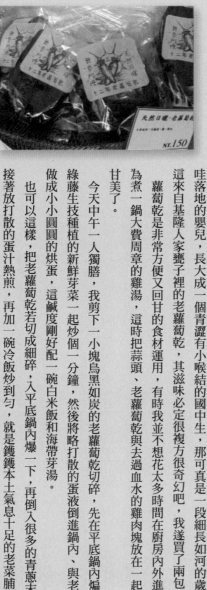

煮文蛤

我們買文蛤、吃文蛤，就是帶動本地漁民的生活，就是讓黃昏市場的那位文蛤達人能夠養家自給自足，就是讓自己家人得到大海的營養來維持生命的繼續。

人類愛吃貝殼類此事已久，從昂貴的刺身干貝到小小顆的蜆，貝肉那來自大江大海的鮮甜，獨有鮮味的氨基酸，不是一般禽肉可比擬的。生活在台灣，誰能不從小到大經常吃文蛤呢，但我們卻不一定知曉文蛤在淡水河邊的由來與故事。

有時已向晚了，我感覺餐桌上還缺一道菜帶來豐足的意象，又不想煮得太麻煩，便會快步到金龍路的黃昏市場，跟一位理平頭的四十多歲寡言男人，買一斤文蛤回家，循例他會在袋子裡慷慨的附贈一大把九層塔。他在這個小市場賣鮮蚵、文蛤十多年以養活兩個兒子，兒子都長得像爸爸眼睛大、鼻子高、眉毛濃，正讀小學中高年級，逢寒暑假就過來陪爸爸顧攤子做生意。

這男子做生意甚動人，在最拚音量的黃昏市集他從不出聲吆喝攬客，他日復一日於黃昏將暗未暗的光影下，默默低下頭拿起一顆又一顆的文蛤，彼此輕輕敲擊著殼，側耳傾聽那聲音，若傳來空心之音，則意味這顆蛤蜊不新鮮，男人就把這不良品挑出來擱置一旁、不販賣，他是不肯讓那些次貨混著正品賣的。他這樣一顆一顆地檢查著、以守護他小小攤子的品質與信用，像是在守護他的人生一樣。於是這幾年，我沒有辦法抗拒不買他的蛤蜊，和那竹簍上不泡水的肥美鮮蚵。多謝他的台西海味，是我餐桌的潮汐之美。

煮文蛤

材料：

東石文蛤一斤、薑絲、蒜頭一球、蔥兩根切成細碎、鹽少許

作法：

❶讓文蛤先吐沙。並將文蛤外殼刷洗乾淨。

❷將一小鍋水放入蔥、薑、蒜以後，小火煮到滾。蒜頭可以放一整球的量。注意這不是煮湯，這是煮文蛤，水量只需蓋住文蛤的四分之三即可，以保持湯汁不被稀釋，始能鮮美。

❸水滾以後，將文蛤緩緩倒入，放一點鹽巴調味，文蛤已有海鹹味，故鹽的量要謹慎控制，一分鐘之內，文蛤只要一微微開口，立刻熄火上桌。

小提醒：

或許有人建議以電鍋蒸蛤蜊，但電鍋的溫度與時間控制不易，容易將文蛤給蒸老了，我還是比較喜歡站在爐火旁，顧著這一小鍋漁人費心養殖超過十個月以上的貝殼。

附註：

文蛤，就是蛤蜊，也是台語的蛤仔和粉蟯。

若遇到文蛤男人休假，只好退而求其次去超市買東石港的真空包裝文蛤，文蛤被緊緊裹覆在塑膠袋裡，可別以為牠們都死了，其實這貝還處於活生生的休眠狀態，將牠們取出來泡在鹽水裡吐沙，斧足就會從殼裡緩緩伸出來、在小碗的清水中宣示生命力的蠕動。這種保鮮的進步技術，不需化學添加物又可減慢牠的新陳代謝，拉長牠的保鮮期，讓養蛤營生的人家可因此行銷文蛤到各都會城市，也算是小小程度破解了我不喜在超市購買海鮮的習慣。

而文蛤是怎麼來到這島上的呢。一位久居日本的朋友告訴我，文蛤因為其外殼左右對稱並可緊密結合成美麗的扇形，故日人將文蛤視為夫婦合和的圓滿象徵，結婚慶宴上，包裝精緻高雅的文蛤禮盒，經常被拿來當作祝福長久的賀禮，這是愛吃海鮮的大和民族他們對生物深刻、有情的觀察。

文蛤就是由日本人引進台灣的。文蛤並非台灣原生物種，係日治時代，當時擔任淡水水產會會長和淡水街長的多田榮吉，發現淡水河口的砂地地質、半鹹淡水區，與日本當地文蛤的生長環境相似，於是他從佐賀縣引進文蛤於淡水河口放殖，且下令三年內為讓文蛤有充分的時間生長繁殖，任何人皆不得捕撈。幾年後，據傳一九二九年，文蛤採獲量即到三萬公斤，到一九四一年時，採收量更高達一百四十一萬公斤，可想像文蛤這寶「貝」，為當時淡水河口的老百姓帶來的豐收風光！也可想像，當年的淡水河口，是如何的潔淨、無汙染！

至今多田榮吉在淡水馬偕街的故居仍在，紅檜木搭建的和式建築歷經幾十年風雨滄桑，已定為縣定古蹟保護，而隨著八里和淡水漁港這些年官方復育文蛤的野放計畫，倘若淡水河口真能成功重現幾十年前的文蛤盛美榮景，我們不能不知道原來是多田榮吉，他開啟了本島養文蛤、吃文蛤的一頁。

據農委會資料，台灣目前一年的文蛤產量破五萬公噸，年產值可達台幣二十五億元以上，雲林、嘉義、台南、彰化等地的魚塭發展出將文蛤與草蝦、斑節蝦、虱目魚等一起混養的技術，既可增加魚塭收益、又可調節池中絲藻的撈除管理成本，我們買文蛤、吃文蛤，就是帶動本地漁民的生活，就是讓黃昏市場的那位文蛤達人能夠養家自給自足，就是讓自己家人得到大海的營養來維持生命的繼續。

孩子們說，文蛤真是比進口的硬梆梆冷凍淡菜，豐饒多汁太多。

可不是呢。雖然我也愛蛤蜊冬瓜湯、絲瓜蛤蜊、蛤蜊蒸蛋、白酒蛤蜊義大利麵、九層塔炒蛤蜊，但我更喜歡品嚐蛤蜊的原汁原味，用一點點滾水開啟牠堅硬的蚌殼，卸下牠柔軟鮮甜的肉，湯汁趁熱拌在白飯裡，連薑絲都讓孩子吞進肚了。

石花海女。海燕窩

我喜歡它熬煮後顏色透明如玉，凝膠後浸潤在清香的新鮮檸檬汁水裡，感覺那每一口皆蘊藏大海的海磯味兒。

這幾年，燕窩店在大街邊從香港到台北熱絡了起來，我未曾吃過燕窩，倒是大姑偶會買些燕窩禮盒給婆婆吃以為孝敬，婆婆非常珍惜著喝，老人家篤信燕窩補身不假，且燕窩價昂，她因此感到子女送禮的孝意。燕窩乃燕子唾液築的巢，得要鳥兒多少唾液、得多少天數才能做成這麼一個小巢，而幾百年前的人類，竟然能發現岩壁、林間和簷瓦下的燕巢可食用，真是太厲害了。

記得十幾年前第一次剛生產完，丈夫曾問我要不要吃點燕窩來修復產時的大出血？他這一問，倒令我想起高中時，年邁的國文老師曾上過袁枚《隨園食單》所寫、之於燕窩他的料理看法：

「燕窩貴物，原不輕用。如用之，每碗必須二兩，先用天泉水泡之，將銀針挑去黑絲。用嫩雞湯、好火腿湯、新蘑菇三樣滾之，看燕窩變成玉色為度。此物至清，不可以油膩雜之，此物至文，不可以武物串之。」

彼時我雖年僅十六、七歲，但光看到書本裡天泉水、銀針和玉色等等一碗燕窩那如神之湯的形容詞，從沒見過燕窩的我，也不得不暗暗驚嘆了，必是富豪之家宮廷之門，方有燕窩可飲吧，至此我認定燕窩屬於貴氣的女人。所幸我對於補充膠原蛋白燕窩美容的此類話題素無感應，我那長年勞務的母親也對燕窩毫無任何想望，所以買燕窩美顏的錢遂省了下來。

時至今日，保育界人士對燕窩的摘取食用也時有爭議，我對孩子們說，你們日後就不必買燕窩孝敬我了。

孩子回答，我們可以買海燕窩給你吃啊！海燕窩台灣可多得很！又便宜！

啊，孩子不過是去了個小漁村走走，就知曉了「海燕窩」這東西。

今日從東北角海岸歸來，海風吹過的沙子似乎仍蒙落在我們心裡，留下浪潮冬雨中的清音。洗澡過後，孩子們喝一碗小米粥當宵夜暖暖這一整天海風冷襲過的胃，我同她們聊，是否聽過這世上有海女的存在？

不想女兒馬上機敏回答，日本國就有海女。

至今國際新聞偶有海女的報導，有人視之為浪漫，然海女真是浪漫麼，大多數海女自十多歲起一生不靠任何呼吸輔助設備，一口憋氣一分鐘，深入海中，採取鮑魚海膽海螺等食物，她們那潛水的自由背後，有更多討海人工作的辛苦。據說日本海女已有四千年歷史，如今年輕接棒者日益凋萎，目前全國僅存一千餘位海女還活躍在伊勢灣的志摩和伊豆的汪洋裡。

親愛的孩子，在這世上，其實，不只是濟州島和伊勢灣，我們台灣也有海女呢，就在我們的東北海岸線上。且讓我帶你們到北海岸國家風景區管理處的遊憩探索館，看一部3D紀錄影片《與海共舞——海女的故事》。

這部影片係在水底拍攝，構思妙異，採用近似無重力狀態下場景的型態和布局，詳實真摯地，抓住東北海岸的海女們在海裡採取石花的動人畫面。這些現役海女阿嬤們，最年輕的已六十多歲，最年長的海女甚至已八十三歲，她們一生用最極簡的裝備，在腰間綁緊網袋以置入收穫物，千百次沒入海中以靈巧之姿採集水中食物，海邊人家靠海吃飯、靠海養家活口再自然不過，海女平安上岸以後還有繁複的處理工作，必須把辛苦採摘到的石花鋪在陽光下反覆曝曬又清洗六到八次，去除掉殘石礁片、雜質、腥味與鹽分，曬了又洗，洗了再曬，直到石花的暗紅色轉變成淡象牙色。歲歲年年，東北岸海女阿嬤的石花人生。

石花的名稱，是因為它們生長在近海礁石上，潛到海裡看起來就像是石頭上開著暗紅色的花於水中飄舞，每年三到六月是品質最好的石花季，過了七八月海底溫度升高，漁民就不摘取了。

石花通常位於潮間帶最外海，必須浮潛才能拔取。
經六至八次豔陽曝曬和加水浸泡的人工程序，才能變成朱黃色乾藻體。

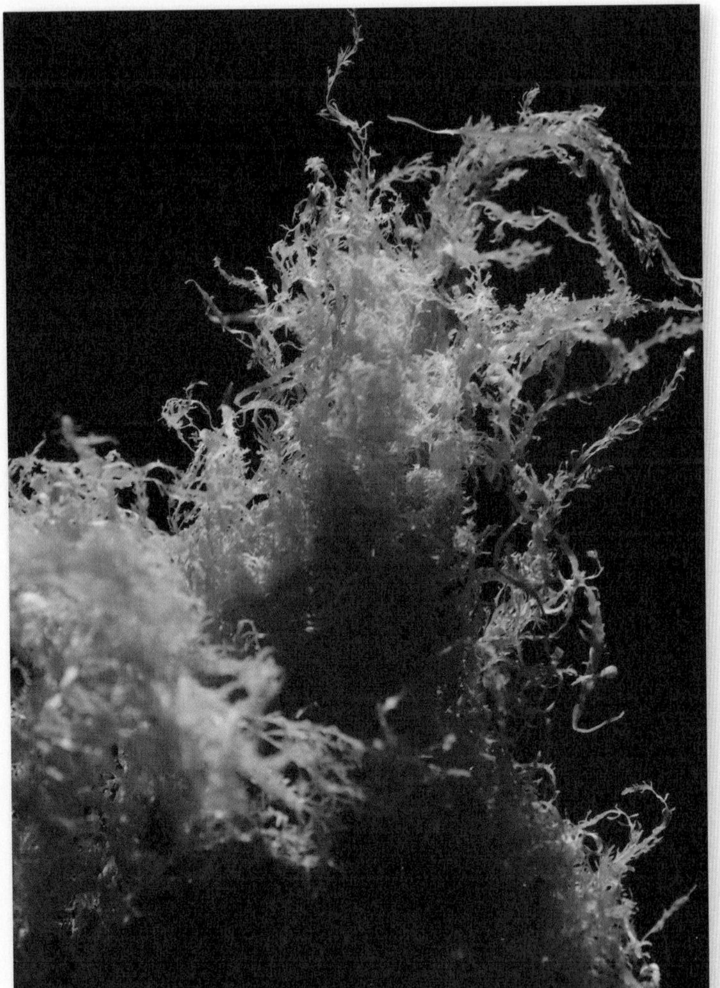

翻開基隆八斗子的台灣文學作家杜披雲的小說《風雨海上人》，他就是從海女在大海裡挽石花菜的場景，於焉拉開了三十五萬字小說的序幕，小說家讓海女為先，再慢慢把焦點投射到戰爭後八斗子漁人的生活。小說家筆下如此具代表性的石花，究竟是什麼呢？

台灣東北海岸的藻類資源豐富，石花是紅藻類的一種，從基隆到宜蘭外澳的沿海潮間帶最為盛產，必須潛水到海面下一到五公尺的底層礁岩拔取。也稱為「凍瓊」、「洋菜」，日人稱為「寒天」，本土有些冷飲小鋪將它俗稱為「海燕窩」，其功能清肺化痰、滋陰降火，礦物質和維生素豐富，惟我喜歡它熬煮後顏色透明如玉，凝膠後浸潤在清香的新鮮檸檬汁水裡，感覺那每一口皆蘊藏大海的海磯味兒。

去年野柳的神明淨港文化祭在萬里的保安宮前展開，我從電視上看見台灣海女阿嬤的代表人物陳許月香，已七十六歲了，她在二月下大雨的海邊低溫下，仍豪邁持第一棒跳入野柳港「淨身」，望著她在海港邊堅毅的面容，這一生從十三、四歲的小女孩開始，超過六十年的歲月她潛入水中採摘礁岩紅花。而今海女已逐漸凋零，已成為傳奇意味的職人故事，背後則是一頁又一頁的飲食、採集、海洋文化史。下次當我們再訪東北海岸，莫匆匆走過，就站在海岸邊來碗海女採集的石花凍吧。

石花海風沙拉

材料：

石花、小黃瓜

調味料：蒜頭末、醬油、香油、烏醋、胡椒粉、一點點糖

作法：

❶ 將石花洗乾淨，放入滾水中汆燙過，再放於冰冷開水內泡軟。

❷ 將小黃瓜與石花一起切成絲狀。將所有食材瀝乾。

❸ 以醬醋拌勻（比例為醋一：醬油二：香油一）冰鎮後即可。喜歡吃辣者，調味料裡加些生辣椒絲亦可。

小提醒：

石花汆燙時間不宜過久，會造成膠質溶出，並影響口感的爽脆。

檸檬蜂蜜石花凍

材料：

新鮮檸檬汁、蜂蜜適量、石花一百克

作法：

❶ 將石花放入五公升的滾水中小火煮約三十分鐘到一小時，關火。

❷ 將石花撈起來，讓它冷卻後放

入冷凍庫保存。

❸而鍋中已煮出的膠質先讓它冷卻，再放入冰箱冷藏，即成為膠質狀的石花凍，口感類似愛玉。

❹石花凍拌入蜂蜜檸檬水，即是最好的天然消暑小飲品。

附註：

冷凍庫保存的石花，可重複使用三至五次。

蜂蜜檸檬水亦可用新鮮桑葚汁或鳳梨汁等替代，酸酸甜甜的果汁都與石花凍合搭。

附註：

紀錄片《與海共舞——海女的故事》在國家網路書店 www.govbooks.com.tw 可購得，每片一百五十元。也可到北海岸遊憩探索館立體劇院觀賞此片，交通方式：捷運淡水站旁，搭乘基隆或淡水客運的「基隆～淡水」班次或「台灣好行～皇冠北海」線，於北觀處下車即達。也可在基隆火車站的孝四路天橋下，搭乘上述的班次路線。

軟絲仔的產房

軟絲仔的味道極鮮甜，簡單料理就能顯出海味的珍美，
感謝老天，所賜給我們這大海中的一切生命，當珍惜，當節制，當食盡不浪費。

我喜歡吃來自大海的食物甚於豬鴨雞牛，因為海鮮的天然鹹甜風味，和那長年在大海浪潮裡翻騰飛躍的肉質彈性，都是人工蓄養禽類所不能比擬的。身為海島之常民，有時我會到各地小漁港去旅行，山脈之外我們有海港，能這麼容易就吃到生新猛美的海鮮，這是何等幸福的飲食美事，但擁有了海鮮文化，我們是否還擁有天長地久、永續漁業的海洋文化？

突然想聊聊非常傻氣、無比浪漫的軟絲仔復育之故事。因為，軟絲仔（又叫軟翅仔）是我幼年時逢拜拜會吃到的媽媽拿手菜，人的味蕾啟蒙敦潤於童年，軟絲仔即是我家中重要日子的澎湃盛宴，這麼好的蛋白質，多麼綿長的回憶。

而已在大海優游五億年的花枝和軟絲仔，該怎麼分辨呢？

小時候，我曾在餐桌上問過母親這個迷擾的問題，因為媽媽有時候會這樣呼喚正在看電視的我說，阿珠啊，把冰箱裡的軟絲仔拿出來退冰。有時候忙著曬衣服的她卻又說，阿珠啊，你去把菜籃裡的花枝拿出來雕花切片。呼，軟絲仔和花枝看起來可真像，而且，嘖嘖，都好吃。

媽媽告訴我，這兩者最簡單的辨別方法就是：花枝即墨魚、亦是烏賊，會噴黑黑的墨汁，牠的身體膜上有咖啡色紋路；而軟絲是大海裡透明的浮游物，沒有紋路。我喜歡吃軟絲仔多一點，因為牠的肉較厚較Q，吃起來脆脆的，迎合孩子喜歡咀嚼的口感。

如今我是一個下廚的婦人，我知道軟絲更多了，我知道牠的學名是萊氏擬烏賊，屬於軟體動物門，有兩隻觸腕八隻手腕，在台灣的東北角海域、南部與澎湖沿海都是牠的生存地帶，每年四到九月是這瑩透浮游物的產卵季節，喜歡夜間出沒吃小魚小蝦，牠也是大型魚種的食物。軟絲仔習性在軟珊瑚根部產卵，但如今海洋汙染生態破壞嚴重，叫軟絲仔要上哪兒去找健康的珊瑚礁生孩子呢？

台灣沿海的軟絲仔只好到海底的垃圾、枯枝和廢棄漁網去產卵了，透明銀卵無法附著在這些人工廢棄物上，因此，軟絲仔的孵育率越來越低，但吃海鮮的人口只會越來越多，長此以往下去，軟絲仔的數量與漁獲勢必越來越少，海洋的生態鏈也勢必受到衝擊，我們愛吃，卻也正無情、無知或懶惰的失去各種不同的海洋生物。

但十幾年前，台灣東北角海域，出現了一位軟絲仔復育傻子。

一位資深潛水教練，郭道仁，長達三十多年的潛水經驗裡，他發現海底世界的美麗繽紛日益冷清稀褪，大魚、小魚越來越少，醜陋垃圾卻越來越多。有一年郭道仁到馬來西亞潛水，無意中他看到該國人民用椰子葉做人工魚礁讓烏賊產卵，這激發了郭道仁的想像與勇氣，回到台灣以後，一九九八年他開始著手在軟絲仔洄游重要地的東北角金沙灣海域，試試看能不能人工復育軟絲仔。

這整個傻氣浪漫的辛苦過程，後來被拍成一部紀錄片叫做《產房》，於二〇〇七年在公視首播，影評人藍祖蔚形容這由政府核可、民間發起的軟絲產房故事，影片裡有歷史的縱深也兼及了魚礁生態的宏觀，而我以為這部片子裡歌聲的清滄、軟絲的自由游舞、潛水人的無言之美、海底的千變萬化，都是視聽的感動與享受，我常推薦朋友們上 youtube 網站搜尋這部興味深遠的紀錄片，它幫助嗜食海鮮的我們，建立一個珍重海洋文化的價值觀。

郭道仁與志工團隊們一開始使用竹簍和沉木等材質來製作軟絲產房，但一一失敗，後來他嘗試上山去砍伐較粗的桂竹，與桂葉一起綁成一堆堆繁密的竹叢，拖至海底固定，來模擬成石珊瑚的枝芽環境，以此當作軟絲仔小貝比的孵育產房，桂竹叢果真自此開啟了軟絲仔復育的生機。那海底的卵樹銀花，就這樣在東北角海岸，一串串潔白透明的卵囊，孵育成千上萬隻的小軟絲仔。

這條復育的路並不輕巧，海底的桂竹不到一年就會解體，因此需要時時補充桂竹叢的更新，一年大約需要一千根桂竹或銀合歡樹枝才能維持人工孵育環境的基本條件，如果逢產卵季，每一週還得潛水觀察三次以便記錄、了解生態的變化，郭道仁在他的部落格曾寫下他憂慮觀察的心情，他說，若遇上颱風大浪，更是心心念念海底的軟絲仔寶寶，會否卵莢間相互沾黏不穩固而被水流沖失。

因為桂竹叢，軟絲仔再也不必將卵產在廢棄魚網上了，但牠們將永遠不會對這些海中人類說謝謝，牠們只是成雙成對的在桂竹叢間輕盈游舞激情求偶、牠們談戀愛、牠們梭巡找個放心的角落、牠們生下了一串串的卵條，然後，海水遊蕩過一段又一段的時光以後，會有好多好多的小小軟絲仔破卵而出，在竹葉間游出牠生命的第一步。

而不僅是幫助軟絲仔的生命保育而已，這也肩負了海洋研究的學術領域。當年還在中山大學攻讀海洋生物研究所的學生鍾文松，他為了研究海水溫度、鹽度和光照週期對於軟絲生活史初期平衡石成長輪生成的效應，知道北方有個潛水教練建構了這復育世界，便經常跟隨郭道仁潛到海底去研究比對，長達兩年的時間他從

金沙軟絲

材料：

軟絲仔、鹹蛋黃一顆切成末、鹹蛋一顆、山藥適量切成小塊狀、辣椒與蔥段適量，蒜頭拍碎

作法：

❶將軟絲與山藥切成適口條狀。

❷山藥切條狀以後，入滾水鍋內燙一分鐘。

❸起油鍋，中小火，將碎鹹蛋黃末入油鍋慢慢攪拌。讓鹹蛋黃慢慢糊化起泡泡以後，再將一整顆鹹蛋入鍋內一起炒拌到均勻融合糊化，此為自製「金沙醬」。

❹再將辣椒與蔥入鍋一起炒。

❺然後，將軟絲仔與山藥置入鍋中拌炒到熟，試一下鹹度，如果您購買的鹹蛋之鹹度較淡，則再加入適量鹽巴調味。調味後起鍋。

附註：

若喜愛口感較生脆的山藥，則山藥可不需先燙過。

山藥也可用四季豆代替，視覺上有綠意更佳，但四季豆含植物毒素和紅細胞凝集素，生食會造成腹痛、腹瀉、噁心等症狀，一定要先燙熟或炒熟才可。

竹葉叢的魚礁上採集卵串來進行實驗，從幾千個樣本中，他終致有了軟絲仔紋路輪的重大發現。

背後延伸的另一個動人故事，是鍾文松後來到澳洲昆士蘭大學研讀深海頭足類的視覺研究，因身為澳洲深海計畫成員，極為熟悉深海攝影，所以受邀加入NHK與DISCOVERY的小笠原群島深海計畫，二〇一二年七月，研究團隊此次四十二天的深海航程，這個來自台灣的水生生物科學家，於日本小笠原群島的深海下潛約七百公尺深度，終於拍到身體全長至少八公尺的大王魷魚攻擊深海攝影機的發光誘餌，這動作，這隻活生生用觸手把獵物緊緊抱住的大王魷魚，可是三百多年來，人類首次在原始生活棲地拍到的大王魷魚蹤影！是號稱為海洋生物「聖杯」的大王魷魚，與人類的第一次啊！

當時負責海底攝影操作的科學家團員，正是來自台灣的鍾文松。

正是這些海洋科學家，在漆黑高壓的海底來回一次又一次，為我們建構一點一滴黑暗海底世界的無盡知識之萬分之一，他們的心血研究，成為海島之民的我，發展自家餐桌上的海洋文化之所本，珍惜著吃，少量著吃，不貪心著吃，為永續而節制著吃。

繼郭道仁之後，接著在八斗子望海巷，也有潛水夫跟進軟絲仔的桂竹叢海底復育行動，於是，我們又多了一處讓軟絲仔安然成家生子的基地。十幾年了，非出於

激情，這大海中人與軟絲仔的慈愛故事，迄今仍繼續著。

一年生的軟絲仔，從五公厘到五十公分，為了讓牠永續，海人建議我們若捕釣到三十公分以下的軟絲仔，請不留戀地將牠放回大海。所以在魚市場或海鮮餐廳，看到體型過小的軟絲仔，我不會購買，不會去吃牠。

軟絲仔的味道極鮮甜，簡單料理就能顯出海味的珍美，我尤愛以自製的「金沙醬」來調理軟絲，這是我們海島人的餐桌，感謝永恆起落的潮汐，感謝浪條裡搏命歸來的漁人，感謝深海中建構復育軟絲仔產房的潛水教練志工團，感謝老天，所賜給我們這大海中的一切生命，當珍惜，當節制，當食盡不浪費。

白灼軟絲

材料：

米酒、軟絲仔、薑片、蔥段

調味料：天然醬油和蒜頭末均勻混合

作法：

❶將整隻軟絲仔切小片、刻花。

❷一鍋冷水加入一匙米酒和蔥薑片，煮到水滾以後，轉小火，然後將軟絲仔放入到小沸騰以後，馬上將軟絲仔撈出，過冷開水。注意勿讓軟絲仔煮過熟，否則口感會過硬。

❸再將過冷水以後的軟絲仔，置於喜歡的瓷盤上即可。

❹以調味醬佐之，清簡即美。

鮪魚與萵苣

我看了有點兒感傷，遂轉身默默離開。
我們可不可以不要吃那些來不及長大的、數量一直在急遽減少的魚呢。

為什麼同時談鮪魚與萵苣呢，它們看起來是如此的不相干，一個是本土味十足的鵝仔菜，一個是大和風情的 Toro 聯想，嗯，這麼說似乎也不盡然，不就有極普遍的鮪魚沙拉三明治存在著嗎？海底雞罐頭一打開，再夾點兒萵苣、番茄、洋蔥絲，抹一層薄薄的美乃滋，這結合本土、東洋、西洋飲食概念的菜與肉之協調性就忽焉出來了。

其實是因為今早買菜，我同時逛到了鮪魚和幾款特別品種的萵苣，都不是日常那麼易見的食材，卻一股腦兒的連袂出現，遂特別有所感。

先來談鮪魚。昨天新聞甫報導，東京築地魚市剛完成二〇一三年第一場鮪魚拍賣會，這一條在青森捕獲的藍鰭鮪魚（也就是俗稱的黑鮪魚），重達二百二十二公斤，現今景氣如此低迷，人們對黑鮪的迷戀卻不曾稍減，此巨魚拍出史上最高價一億五千多萬日幣，合台幣要五千多萬元！平均一公斤價值七十萬日幣，怎能不感覺日本人真是瘋了啊，這全世界各漁場非法捕撈的黑鮪魚，幾乎已面臨絕種的困境，國際輿論的壓力來勢洶洶，大和民族依然拍出完全無法令人理解的高價來昭告天下，黑鮪魚好食有價，我們怎可能停止去捕它，不管多少錢，我們都出得起！

一公斤七十萬日幣的高價，全球船隊如何受得了這誘惑，於是他們不在乎捕捉黑鮪魚的配額、限制、國界、法規了，運用高科技聲納儀器的發明，全速幫助船隊更有效率地去獵捕高速前進、拋物面隊形的黑鮪魚群，這樣的態勢下去，黑鮪魚極有可能在數十年內，滅絕。

丈夫和孩子是生魚片迷，年輕時他吃不起黑鮪魚腹肉，便吃些相對便宜的鮭魚、竹筴魚，如今他稍微有點兒能力負擔了，卻經常被我勸說請勿覬覦此瀕臨絕種的大魚。天底下可食之魚如此之多，何必非得任性這一味不可。轉念即是跨向保育，即是幫助魚群恢復海洋的永續，也就不是摧毀海洋生態的貪吃兇手。

感謝這男人聽下這個勸，他並在東京吉祥寺路邊的一家小握壽司店偶然發現，當令的秋刀生魚片、星鰻、牡丹蝦，對味蕾來說，已臻鮮極完美。從此黑鮪魚就僅餘殘念，逐漸遠離他心坎裡的夢幻逸品名單了。

台灣常見的鮪魚有黃鰭鮪、長鰭鮪、大目鮪，因為黑鮪在全球的過度漁撈印象太鮮明，以致我對食用任何鮪魚的態度都傾向保守。事實上，根據綠色和平組織的報告顯示，所有的南方黑鮪、西大西洋的北方黑鮪、南大西洋的長鰭鮪、太平洋的大目鮪、以及東大西洋的黑鮪，目前在世界自然保育聯盟（IUCN）的瀕危物種紅皮書中，均被列為瀕危或嚴重瀕危的等級，面對這些被過漁的鮪魚，我有不吃、不消費的主張。

吃魚主要是為了攝取優良蛋白質和滿足海味的鮮美，因此，去節制食用量，把牠吃乾淨，吃非保育的魚種，這三點是我採買鮮魚的最大方向。

今天一早在市場，看到幾近百條的小鮪魚躺在碎冰上，每尾均一價兩百五十塊錢，新鮮又價錢好，生意興隆，許多婦人圍觀以後當機立斷、手指頭一指就說老闆給我這一條，魚販熟手麻利得揮刀去鰓去臟迅速成交，我想，這樣的熱賣速度不需到十點半鐘，這些鮪魚就可全部售光，化身為許多家庭今晚的主菜。我猜測不出那是否是長鰭鮪的幼魚，每一尾大約四十公分長，近兩斤重。

魚販吆喝說這些可都是剛下船的鮪魚哪！要買要快。究竟是養殖或野生？我站在攤位前端詳好一會兒仍看不出來，但年齡尚幼卻一望即知。

我看了有點兒感傷，遂轉身默默離開。若這些小鮪魚能有機會長大，產下魚卵，再被人們捕撈上岸，是不是比較長久呢。我們可不可以不要吃那些來不及長大的、數量一直在急遽減少的魚呢。

油漬鯷魚的小前菜

一年四季都可以買到的聖女小番茄，除了當水果吃，還能有哪些食用變化呢？它豔紅光滑的色澤非常討喜，除了拿來做酪梨沙沙醬沾麵包或餅乾吃，我還在台中的一家義大利小館子，學到這一道非常簡單、用聖女小番茄搭配鯷魚罐頭，酸鹹甜香同時迸裂舌尖的小前菜。

材料：

鯷魚罐頭、羅勒葉少許、聖女小番茄

作法：

❶拿出白色瓷盤，將紅色小番茄直立對剖成兩片。

❷羅勒洗淨以後，一葉一葉的放在小番茄上面。

❸打開油漬鯷魚罐頭，取出一小條一小條的鯷魚，注意勿把魚體弄破碎，溫柔地將橄欖油漬鯷魚置於羅勒葉上。

小提醒：

油漬鯷魚本身已有鹹味，食用時請務必將小番茄、羅勒和鯷魚同時放入口中品嚐，鯷魚的海味與番茄的酸甜，再加上羅勒特有香氣，整體的風味協調驚喜，家中若有宴客，此前菜再搭上小麵包，就是很方便做、好看、又受客人歡迎的前菜了。

然後我決定到內湖農會附設的山川市集去逛逛，不知來自五指山、金面山、碧山等地的農友，今天採收了哪些蔬菜下山來賣？

結果我看到了好幾款形色皆異、喚不出名字的萵苣。

守攤位的農姨逐一告訴我，這是鹿角萵苣啦、火焰萵苣啦、波士頓萵苣啦、蘿蔓啦、傳統鵝仔菜啦、奶油萵苣啦、菊苣啦，紫的、綠的，半結球或立葉的，每一包萵苣皆經過有機認證，大約重三百公克多，賣五十塊錢。她說，冬天氣候冷涼，最適合萵苣生長，尤其蟲很不喜歡萵苣的味道，所以當令好種、產量豐富。

眼前這些多數陌生的萵苣，真是一株株形體漂亮的蔬菜，挺翠強健，肉厚質脆，有的葉子皺得蕾絲似的，有的長成像一朵球型花開。童年那苦苦帶澀的萵苣味道，如今已轉換成時髦的生菜沙拉面貌，便利商店一盒盒的小沙拉，甚至大幅拓展了中部萵苣的田園風光與產值。

總是這樣，我們在消費端多吃了什麼，就多造就了生產端農民的什麼。我們願意吃醜，農民就不必追求化學物幫助的肥美，也不必承受醜作物帶來的經濟耗損，

萵苣彩色沙拉

材料：

蘿蔓（結球萵苣或其他萵苣種類皆可）、煮熟玉米筍或無機改玉米粒、水煮蛋一顆切成片、核桃先烤到酥香、適量熟雞胸肉剝成絲條狀、番茄切成片

醬汁：

初榨橄欖油、海鹽、胡椒粒磨成粉、檸檬汁或百香果汁適量、紅酒醋少許，將這些材料攪拌融勻即可。如果不想自己做醬汁，也可參考購買穀盛公司所生產的好幾款沙拉醬。

作法：

❶ 將各種萵苣葉子一片一片洗乾淨，即使是有機作物，生吃的材料還是要謹慎洗乾淨才安心。

❷ 將萵苣葉鋪在潔亮的白瓷盤上。然後將玉米筍和紅番茄片也放入。

❸ 再將雞蛋片和核桃置放於沙拉盤四周，讓顏色繽紛且協調。

❹ 絲條狀的雞胸肉一一置於沙拉盤內，然後淋上油醋醬汁。如果有烤土司丁點綴，亦好。

我們願意吃無毒，農民就努力生產無毒的履歷，我們若執意吃不漂白的蘑菇，農民便會努力供應我們黃黃土土的天然蘑菇，往往是我們買菜、吃菜的人，決定性力量的、在造就市場與農場土地的面貌。

萵苣農婕老實靦腆接著說，連她自己都搞不太清楚這些萵苣家族的口感差異，這兩年因為市場有需求，村子裡開始興起種植新品種的萵苣，很多客人喜歡買萵苣，會將這些漂亮的萵苣拿來做沙拉或精力湯，可她自己還是習慣以汆燙或快火大炒的傳統方式，她不愛吃生的萵苣，也難免擔心蟲卵、蟲鳥排泄物等附著的問題，畢竟是無農藥栽培管理，蟲子無法避免。

我向來勇於嘗試陌生的台產蔬菜，萵苣清炒很受孩子們喜歡，各種萵苣在火鍋高湯裡清燙，或是一小碗紅紅辣辣的爌肉泡麵上，浮著一大片折段的萵苣葉，都帶來一種大啖植物的愉悅感。

每逢先生出國開會，我總會在他行前殷殷叮嚀，隻身異旅人生地不熟、求醫不便，得盡可能避免吃最愛的生菜沙拉，國外李斯特菌、大腸桿菌的汙染時有所聞，真想吃生菜沙拉，台灣如今即可買到如此多種鮮脆的蘿蔓萵苣，至於沙拉的靈魂油醋醬，只要有橄欖油、新鮮檸檬汁或百香果汁、鹽、巴薩米可醋等就可搞定，所以，什錦生菜沙拉，吃家裡自己做的，最乾淨，最新鮮，最好。

我們應該拒絕吃哪些魚？

我們應當要拒絕吃哪些魚，來幫助海洋生物的永續呢？除了拒吃黑鮪與鯊魚，根據國立海洋生物博物館官方網站裡的「全民挑海鮮」（http://seafood.nmmba.gov.tw）資料顯示，請拒絕再吃野生石斑魚、粗皮鯛、龍皮鯛、隆頭魚、鸚哥魚等珊瑚礁魚類吧！

台灣一年至少吃掉三十萬公斤以上的珊瑚礁魚類，其中墾丁一年就吃掉三萬公斤，美麗的墾丁豈能是珊瑚礁魚類的墳場？珊瑚礁魚類的重要性於下：

牠們會啃食礁石表面的藻類，讓珊瑚苗可著生，不會讓藻類破壞珊瑚礁生態系的平衡。

牠們會刮食珊瑚礁上海藻所附帶造成的外露空間，增加珊瑚礁生態系多樣性生物的歧異度。

牠們食取海藻以後的排泄物，是珊瑚沙的重要基底，可提供許多海洋生物棲息之處所。

斑斕的珊瑚礁魚類日益受到撈捕威脅，下次走入魚攤或海產店，請挽著菜籃和荷包的你、對這些美麗的魚兒堅決說不買不吃。

那日常吃些什麼好呢？秋刀魚、文蛤、牡蠣、鎖管、虱目魚、吳郭魚、養殖石斑、沙蝦、白帶魚、土魠等等，都是海洋永續、較低汙染的餐桌之魚。

就讓我們想清楚，再吃吧。

認真煮飯的台灣媽媽。
一夜干

這則不受媒體注意的新聞，卻在我心頭迴盪好久，別再只是恐懼於毒澱粉或人工化學添加物的存在，行動可以解除憂慮，請鼓勵自己當一個「認真做飯的台灣媽媽」吧。

初夏雖有緬梔花夜裡墜落一地的芬芳，晚風拂面陣陣馨沁，但日常午時，即使連著吃兩餐的薑絲文蛤絲瓜，似乎也驅不走肉體層的黏溼熱，小島北方的夏就是夏，毫不含糊。我們遂決定今日廚房歇工，帶孩子到基隆港口看船、吃天婦羅，然後再散步往仁愛菜市場去晃晃。此菜市場古老而豐富，路邊散聚了大小規模不一的海鮮攤子，都說是來自家裡的漁船或崁仔頂的批發上等貨，鮮魚的世界太遼闊，在基隆港邊逛魚攤更易有此體會。

仁愛市場不顯眼處有一小吃鋪飄香五十多年、專心只賣鹹湯圓和豬肝腸，我們咸認為其手工豬肝腸，較之廟口名震全台的諸多小吃，更是價錢合宜且滋味濃郁獨到，老闆娘把絞碎的豬肉和豬肝純手工灌進豬小腸，再用大烘爐烘烤到豬肝腸油油亮亮的，祖傳祕方的調味造就了這條豬肝腸潤而不膩、香而不燥的小老百姓吃食味道，這加了碎豬肝的香腸，真是大幅躍進了香腸的迷人程度。

然後我們帶回七尾鯖魚返家，每尾鯖魚重量都逼近一斤，肥滿銀澤好不亮麗，當下即決定全都要拿來自己做一夜干，冷凍保存好，隨時可拿來炙烤配啤酒配白飯。此時並非達人所說鯖魚最好吃的季節，但也別盡執著這些，既然這些鯖魚已上岸，其大小也不是幼小不該被吃的魚齡，我們便該好好珍惜這些海味。

這兩年漁業專家發現本島捕獲的花腹鯖出現體長變小、成熟年齡降低的過漁徵兆，因此漁業署規範，每年六月期間以扒網或圍網漁具來捕撈鯖、鰺魚的漁船，禁止於北緯廿四度以北海域從事漁業作業，這一個月的禁漁，是因為我們人類尊敬並疼惜海洋的資源，不貪得無厭，懂得生態的永續。吃魚不能不知魚故事，學會自己做一夜干，就像北海道人祖先那樣珍藏辛苦打撈的漁獲，俾使我們的餐桌有古典的精神。

我們自北海道漁人那兒學到了這一夜風乾的魚肉熟成好滋味，而今年瀨戶內海藝術祭，日本小豆島也邀請台灣團隊到那邊村落，用小豆島當地的素材來展示台灣的料理，讓小豆島的居民可在台灣團隊離去後，仍懂得運用他們瀨戶內海的當令食材，來延續台灣庶民美食的風味。這是多麼溫柔溫暖的瀨戶內海亞洲廚房工作坊！跨海的常民飲食交流，台灣是很有譜兒的。

此番出國代表「認真做飯的台灣媽媽」郭美如，平常是上下游新聞市集的料理研究員，她將在以手工素麵聞名的小豆島村民面前，傳授麵線煎、滷肉飯、米苔目、苦瓜封、白菜滷、五味章魚、浮北魚羹、粉粿等本省傳統小吃，此菜單果真是精

一夜干

台灣適合做一夜干的常見魚種有鯖魚、竹筴魚和秋刀魚，都是便宜、低汙染、永續的魚類，逢大咬的肥美產季，可多買幾條回家做手工業，送朋友也相宜，吃者無不歡。

作法：

❶ 告訴賣魚老闆想要做一夜干，請他將魚的內臟清乾淨，為避免血水最好將魚眼睛也去除，同時將魚從魚背處對剖開來。

❷ 將魚用清水略沖過，以厚紙巾擦乾。

❸ 調製鹽水，大約五百克的水對十克的鹽，重鹹者可再略加一點鹽巴。鹽水內可放置一片昆布，或是加一些昆布汁，更添風味。

❹ 將處理乾淨、對剖的魚，放入鹽水中約醃浸三十分鐘到一小時，醃浸時間視魚肉的厚薄做調整，魚肉越厚則醃泡的時間越長。

❺ 浸泡好的魚取出，擦乾。

❻ 接著用竹籤固定兩側魚身，然後將魚垂掛在陰涼處風乾一夜或數小時，到魚肉摸起來因脱水而緊實有彈性即可。

❼ 冷藏可保存五天，冷凍可三個月。

❽ 食用時，事先預熱好烤箱，然後一百八十度烤約十分鐘即可。

小提醒：

許多人建議可用電風扇吹魚兩三小時做成一夜干，此方法雖然不失簡便，但既然我們可利用天地的溼度與風來進行最自然的熟成，為何還要耗電耗能呢？另外，請注意不要讓魚體過度的曝曬，這樣一夜干會太硬太乾喔。

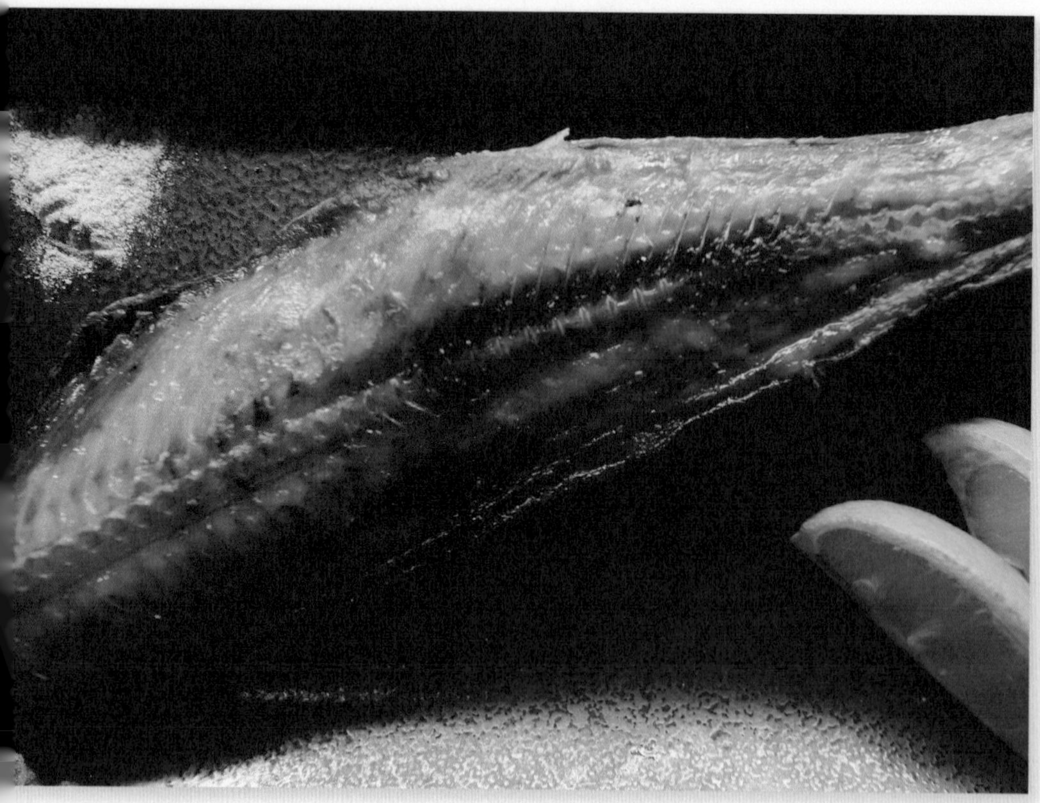

細美妙的用心設計，充滿純然的台灣風情，卻又可讓盛產稻米、大白菜、海鮮的日本漁村、農村人民，開發出大和民族的飲食新體驗。

這則不受媒體注意的新聞，卻在我心頭迴盪好久，別再只是恐懼於毒澱粉或人工化學添加物的存在，行動可以解除憂慮，請鼓勵自己當一個「認真做飯的台灣媽媽」吧，冰箱打開有竹筍、有一夜干、有發芽米、有櫻花蝦、有毛豆和海帶、胡蘿蔔，不妨慢慢刮下一點點細緻的檸檬皮屑在小火慢煮的蔬菜湯裡，那肉眼不察覺的綠色，那檸檬的微妙清香，一點點即帶來食物味道的平衡與豐美，是認真做飯的台灣媽媽，炊煙背後的臉容。

這麼黑、這麼醜的香蕉哪

野生在欉黃，這麼醜的香蕉，
這是多麼的可貴，可遇而不可求哪。

家裡偶而會臨時有客人，這是住在山坡上的一種小確幸。朋友可能在週末想要沐浴一點兒陽光與和風，就會從城裡跑來內湖的湖邊健走、爬爬小山，這時或許就會突然打電話來說，啊原來你們在家，我們就在你們家附近哪。

丈夫總是熱情回答電話那頭有點怕失禮的人說，趕快來，趕快來一起吃飯。

我於是趕緊下山去菜市場，再追加買點兒什麼魚啊、馬鈴薯、豆腐啊的煮給客人吃，這年頭若還有少數朋友能不事先約而來，可都是幾十年的老感情，彼此一起唱過民歌、曾經相互安慰過失戀的迷惘痛苦、又眼看著對方走入禮堂生小孩，人生大步小步碎步的，我們這樣和老朋友一起收集生命的青春與滄桑。

已經十一點了，秋陽熾盛，週日的湖光市場此時已不易買到熱門攤位的肉與菜，我踱步到市場後面冷僻點的小巷口，碰運氣看看是否還有老人家小農的一點兒作物可尋。

不意真有兩個八十歲左右的老先生正一起站在路邊，守著鮮嫩的茭白筍攤子，低頭整理美人腿的排列，菜市場競爭激烈，老人家也懂得賣相這道理。攤子上除

了有當令美人腿，還有三串猶青綠著的芭蕉肥肥碩碩，芭蕉旁邊也還躺著兩小串果皮黝黑、形體細瘦的香蕉，哇，這麼醜的香蕉，我大大見獵心喜。

很怕有競爭者加入戰局，我急著問，歐吉桑，請問汝香蕉怎麼賣？

歐吉桑精神抖擻回答，這芭蕉一斤算你二十五塊就好。

我拿起那兩串黑香蕉說，阿伯，我是問香蕉，不是問芭

ABERCROMBIE
1892
NEW YORKK
AND FITCH
gap

蕉啦。

老人家愣了好幾秒才回過神，幾乎是不相信的問，你要這香蕉？你是問這香蕉？這香蕉是萬里野生的，是我今天早上山上才拔來的，不然全部你都拿啦，我算你一斤十五塊就好。

我趕緊請長者秤重，然後小心翼翼拎在手上、擠公車回家，這野生香蕉每根大約只有男人的大拇指粗，果皮已黑了一大半，但我輕按那果肉，它還是堅實有彈性的，所以，這黑不是爛不是腐，這果皮的黑，就是「在欉黃（黑）」的香蕉了，呵，今日多麼的運氣，竟然能夠萍水相逢，買到在樹上待到熟成的香蕉，而不是那種人工催熟的漂亮肥大香蕉。

野生在欉黃，這麼醜的香蕉，這是多麼的可貴，可遇而不可求哪。

檸檬香蕉片

香蕉的甜香與檸檬的酸香，這兩者味道出其意外的協調，是很討喜、而且非常簡易的甜點。

材料：

香蕉四根、檸檬或萊姆一顆、蜂蜜兩匙

作法：

❶ 香蕉去皮以後，置於喜愛的瓷盤內，斜切成薄片。

❷ 將檸檬先略微在桌面上滾過，對切以後，更容易擠出檸檬汁，均勻淋在香蕉薄片上。

❸ 再將兩匙蜂蜜淋在有檸檬汁的香蕉片上，即成。

蘋果的滋味

我從來不願錯過一年一次的本地蘋果登場時節，
一次至少挑買十斤，小心珍重地分裝冷藏在冰箱蔬果箱裡，
哪怕三個月過後，這寶島蘋果還是保持堅實香甜。

小時候常常納悶，蘋果怎麼這麼浮著香呢。好不容易等到客人前腳一離開，我們五個兄弟姊妹立刻湧上前、圍著桌上那顆大富士蘋果，十隻眼睛骨碌碌地盯著媽媽手裡的水果刀，劃切成的五等分總有那麼一片是偏大的，誰眼明手快誰就可搶了去。

現在哪個孩子還搶蘋果吃，他們不再有機會識得食物一小口一小片分著吃的寒微裡，小確幸的況味。但蘋果應該還是稀有的，若只肯吃台灣蘋果的話。

一直知道蘋果是溫帶水果，在合歡山和雪山的群峰之間，海拔約兩千公尺之處，福壽山農場自一九六〇年開始，由榮民經過許多次的失敗與摸索，終於成功廣植成一片蘋果林。秋天時，願意為它等待一整年的島民，就會記得上菜市場去找尋。

其實一年到頭，在超市的雪櫃裡皆可看見一顆顆光亮碩大的進口蘋果躺在那兒，小巷子裡日光燈管下的水果店，也恆常有四顆一百的紐西蘭或智利蘋果供人們買回家削來吃。但我怎麼都吃不來這些進口蘋果，是冰存太久亦或怎麼的，這些遠洋蘋果皮厚且果肉不足香甜，外皮不論有無光澤，遠距離的現實就是禁不起味蕾

梨山十月以後蘋果開始熟成上市。台灣的蜜蘋果雖然不若圖上紐西蘭進口品種碩大光美，但果實中心如糖霜般的「蜜腺」，只有吃過，才知道它的風味深遠。冷藏九十天依然完好，所以，一年一度，我囤貨。

對新鮮口味的挑剔。

後來我想，西瓜鳳梨蓮霧香蕉火龍果木瓜香瓜芒果龍眼荔枝檸檬文旦西施柚，選擇這麼多，我可以不吃沒滋味的進口蘋果的。

然後當秋老虎的威熱褪了去，台灣中部山區的五爪蘋果和蜜蘋果，被蟲咬過的，醜醜小小的，個兒不稱頭秤起來可能只有一百二十公克重，就開始在傳統市場和有機店漫了起來。我從來不願錯過一年一次的本地蘋果登場時節，一次至少挑買十斤，小心珍重地分裝冷藏在冰箱蔬果箱裡，哪怕三個月過後，這寶島蘋果還是保持堅實香甜。

而我喜歡五爪酸酸甜甜的滋味、比核果周圍有蜜腺的富士蘋果多一些。

我跟孩子們說，你看，這顆紅通通的蘋果屁股，有五個高高的點，不信你摸摸看，是不是，有沒有摸到五個圓圓小屁股，呵，這最早是美國人種出來的蘋果，它有個英文名字，叫做 Red Delicious，意思就是紅色的 Yummy Yummy 喔。

孩子小手興奮地搭在蘋果身上、咯咯笑出聲來，於是不再堅持只吃蘋果泥，從此也喜愛咯滋咯滋地咬蘋果。她不是從白雪公主的童話裡第一次認識蘋果，她是跟著媽媽一起從菜市場的攤子裡，觸到當季蘋果的豔色與質地。

蘋果綠舟沙拉

材料：

五爪或蜜蘋果三顆、南瓜半顆、馬鈴薯兩顆、小黃瓜兩條、沙拉醬適量、初榨橄欖油一小匙、水煮蛋三顆、核桃適量、鹽和新鮮胡椒磨成粉少許、高麗菜葉或萵苣葉數片

作法：

❶ 南瓜和馬鈴薯不去皮，切塊，電鍋裡蒸熟。（要去皮亦可，但南瓜皮和薯皮的營養價值高，去掉了可惜。）

❷ 用冷水開始煮雞蛋到沸騰後三分鐘，關火，悶十分鐘，蛋即可熟。

❸ 五爪蘋果不去皮切成小丁塊，浸在加鹽的冷開水裡避免氧化變黑。

❹ 核桃放入烤箱，以一百二十度約烤十分鐘左右，到外表呈金黃色，請注意要不時觀看，莫烤焦了。

❺ 小黃瓜切成一小塊一小塊適口的小丁狀。

❻ 高麗菜葉或高苣葉一片一片洗乾淨，將水瀝乾，待用。

❼將蒸熟的南瓜和馬鈴薯置於大沙拉碗內，趁還溫熱用大湯匙壓成泥，並將一小匙初榨橄欖油，緩緩加入南瓜泥薯泥中。

❽將小黃瓜丁和蘋果丁，和切成小塊的水煮雞蛋丁，一起放入已搗好的南瓜泥薯泥中，均勻混合攪拌。

❾續加入烤好的核桃，增加口感變化與堅果類油脂營養。

❿試著用鹽巴和新鮮胡椒磨成粉，調味到自己喜歡的鹹度。

⓫然後將做好的沙拉，放到一片一片的萵苣葉上，用手捲起來吃，遂成了生氣盎然的方舟沙拉。

紅燒任何骨肉或做咖哩時，我喜歡丟一兩片蘋果下去一起燉煮，這是料理的神來之筆，不是必要，但可為這鍋食物創造一股略微神祕的層次感，鹹中隱隱牽引的水果酸甜，非常有效果。

更簡便的，是我自己發想的蘋果綠舟沙拉，淡綠色的高麗菜葉或萵苣葉小舟，承載著秋天的豐收。再加上一顆饅頭，這早餐的分量夠了。

啃著蘋果，三十幾年前手足一起分食大蘋果的往事襲上心頭，當年的童顏如今皆已步入中年，啊，下次回娘家，也要做一大碗蘋果綠舟沙拉給媽媽妹妹弟弟吃，才好。

我的樹梅吃法

這豔豔如紅寶石的果子叫做樹梅，也有人叫它是楊梅，每年五月中旬左右，得專程上傳統市場去細心找，或許可找到。因其產季一年僅兩週，不像芭樂木瓜蓮霧幾乎一整年皆可採收上市，也不似芒果，從屏東一路熟美到台南，土樣仔、愛文、凱特、金煌各品種輪番上陣，可供人們大啖一整個長夏，樹梅卻嬌矜不肯多長，愛吃樹梅的人若錯過了這十多天，即意味著又錯過了一年。

對於這一年芳蹤短短的水果，溽夏前最後的濃酸甘味，穀雨一過，我便殷殷期待。數年未曾錯失過。

樹梅無殼、養顏美容，多維他命C和鐵質，挑選時以紅得發紫為首，《本草綱目》記載它：「止渴，和五臟，能滌胃腸，除煩潰惡氣。」小販都說只要冷水洗乾淨、新鮮現吃就好，汁多核小肉細，放在嘴裡酸味如浪潮般席捲舌間，一波一波，餘韻不絕。

我不嗜酸，摸索出一套自己的樹梅吃法，孩子也嚷著說喜歡、喜歡。基隆七堵瑪陵山區每年舉辦樹梅節，還可以採筍和賞螢，可我覺得，讓樹梅安安靜靜的山頭上開花結果，讓螢火蟲靜謐無擾的明明滅滅，沒有遊覽人潮最好。

樹梅可以這樣吃：

▼樹梅洗乾淨後，放冷凍保存，夏季時，和冰塊、蜂蜜、優酪乳，一起打成樹梅優格冰沙。

▼用砂糖浸漬，放入冰箱一兩天後再取出食用。酸甜無窮。

▼樹梅也可以做果醬。對剖取出核子，將果肉與砂糖置於小鍋內慢火加熱熬煮到成凝膠狀，放涼後裝罐冷藏，就可以抹麵包、餅乾了。

▼把洗乾淨的樹梅濾乾，放入清酒或白葡萄酒裡，兩三個月過後再飲。比進口日本梅酒還好喝，因為是自己家鄉的果子，是自己釀製的。

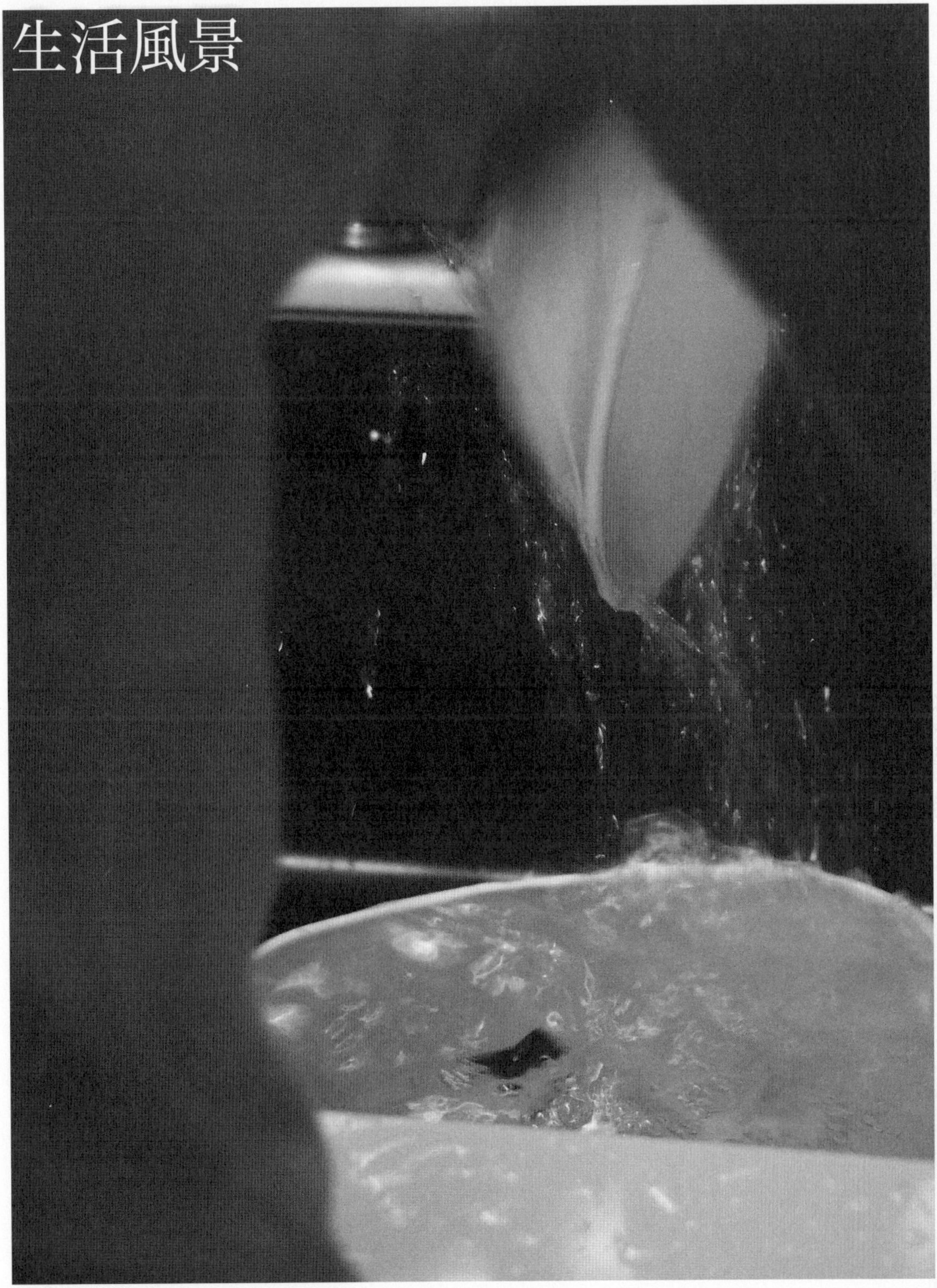
生活風景

我在，窩著

到咖啡館對我這樣一個社交封閉的女人而言，是菜市場以外的一扇窗口，隔著一張桌子、一杯咖啡，疏離的人們往往是那麼遠，可又那麼地近。

台北似乎每天都有新的小咖啡館竄出來，老屋子改建的、Loft的、甜美少女風的、森林療癒系的，各種裝潢風格的咖啡館，在媒體被評論或報導著，一杯莊園咖啡可能是三個便當的價錢，咖啡館在這年代究竟提供了什麼樣的精神滋養超越了便當的飽食性，應當是一個有趣的社會觀察議題吧。

大概是因為缺乏辦公室多變又緊扣社會脈動的戰場，咖啡館對我這種每天在菜市場與家裡默默生活的人而言，算是一個奇異旅程的小據點，城裡人許多隱晦的祕密在桌與桌之間，悄悄流動。曾有個難忘的遭遇，某清晨我正在咖啡館蜷起來為報紙專欄趕得水深火熱，鄰桌一個陌生女孩突然起身走過來、輕拍我的手臂說，小姐我想上一下廁所，你可以幫我顧一下電腦麼？

這是一家平價連鎖咖啡店，裝潢的風味刻意表現出時尚卻掩不住三夾板建材的粗糙，音樂總是不合我意，但它氣氛裡的自由，卻使我在這寫完了兩本書。

我抬起頭望向這位體態福滿、像是古畫裡走出來美麗楊貴妃的年輕女孩，微笑點點頭答應了她，然後無意中瞥見她電腦螢幕是好醒目的一具裸露女體，表情遂忍不住一陣錯愕，啊非禮勿視、非禮勿視啊，我怎麼這麼不小心就見到滑鼠浮標正停留在那兩片甚是壯觀的豐臀。

年輕女孩倒也不扭捏地告訴我，這是友人幫她拍攝的照片，她因為有一套很好用的修圖軟體，這整個早上她打算把自己的手臂修得很瘦、把乳溝修得更深，把自己的腰修得再細一些。因為工程浩大，所以約莫個把小時才能修好一張照片，這將是一個自我回味的紀念。反正這一整年都是漫漫待業中，不如就這麼打發時間唄她說。

我這才了悟原來咖啡館的燈下，不盡然是文青的書寫一字一字，不見得盡是宅男工程師的電郵返往，也不全然是大學生掛網的臉書社群衝浪，還有更多的其他魔幻可能啊，例如，這樣一個渴求纖細外型的女孩的夢，抱著筆電，試著把令人發愁的肉感，用暫時無業的光陰，修得再骨感一點。

自那以後，我更感覺到咖啡館對我這樣一個社交封閉的女人而言，是菜市場以外的一扇窗口，隔著一張桌子、一杯咖啡，疏離的人們往往是那麼遠，可又那麼地近。

但我仍然不特喜歡上咖啡館。家裡恆常有隻老貓躺在我的書桌旁恣意打呼嚕，有時牠輕輕叼著我的小腿、索討點兒肉罐頭，待在家裡的人獸之間已足夠令我安心眷戀，並且，一處甚得人心、息氣相通的咖啡館並不易尋，尤其這些年大為流行的那種標榜歐洲跳蚤市場古董家具或日式雜貨風格的咖啡館，每個盤杯、小道具、燈光、桌椅、掛畫皆安排得太完美精心，使我坐在那兒讀書寫字，分外感到自己的平庸而整個無法融入。

我想，所謂氛圍的自由，是來自於精神上真正地隨意、與一定程度的擺設不修邊幅吧。細緻有時會顯矜持，一家留得住腳步的咖啡館，應該像是自己的家一樣，不須畫眉刷睫毛膏、不必穿得有型有潮，窩著就能自在。

往往想去咖啡館的日子，是在有些時刻，肉菜皆已自市場買回家分類冷藏好，衣服棉被枕頭也已平鋪晾曬在陽光下，地板擦得光光亮亮，紗門窗卻還有厚厚一層的灰等待抹拭，一個人窩在家裡飲酒喝茶正想歇口氣，日子靜轉，窗外飛來幾隻

KASHIWA
SATO'S

蜜蜂，流浪貓驕傲的躍過屋頂，一股孤獨感莫名襲來。

此時便想套上牛仔褲，出門往鍾愛的咖啡館行去，以轉換這發慌的滋味。那，我總是去「窩著」。

「窩著」就在捷運文湖線大安站出口，走路三分鐘即到。它位在牛肉麵店、寵物飼料店、美容院、縫紉店與花店之間。分明是繁華富貴的信義路四段離台北一〇一這麼近，可這條巷子似乎凍結了光陰，文氣瞞不住，卻是很低微地。

「窩著」有一整櫃的落地書牆，大抵是出自兩個年輕男人店老闆，深具個人品味的純文學選書，有正熱門的排行榜，也有冷門的社運書刊，此間尤令我著迷的，是黃色壁面上斜斜夾著一排又一排的當期日文雜誌，每一本的編排都乾淨簡潔，每個我看不懂的字都跳動著意義，我總是一個人陷在沙發裡，就著窗邊，好奇地翻動每一頁，探索那大和民族的圖文如此綠意又禪意的生活氣味，《CASA BRUTUS》《FIGARO》《PEN》《KUNEL》，每個月透過這些日雜來尋找料理的靈感或園藝的栽植手藝，看看京都老房子或伊豆溫泉的旅遊報導，也讀過東京都溫溫潤潤的咖哩屋選輯，接著，還有內地簡體字刊物如《新視線》《明日風尚》也讀來爽利，整個人在「窩著」，透過閱讀而通過某個日本與中國的窗口。我喜歡自己有機會是這樣的婦人。

閱讀時光如貓的腳步輕快無聲，讀著讀著，經常忘了已近暮午，趕緊一口氣把卡布奇諾啜到底，然後外帶一份黃豆大餅做的豬排蛋三明治，接著跳上捷運趕四點去接孩子放學，我可能沒有辦法對孩子清楚解釋今天在咖啡館讀到的《泅泳於死亡之海：母親桑塔格最後的歲月》，和《距離春天只有二十公分的雪兔》，是怎樣的文字撞擊經驗，但孩子只需吃一口媽媽在孤獨、流洩非主流音樂的小咖啡館裡，所帶回的好食物，即可握著媽媽的手，笑矣。

窩著咖啡：台北市信義路四段三十巷二十號

來喝下午茶的老虎

人生漫漫，縱使老虎從不叩門來共度這午茶時光，只要學會為自己煮杯茶，路上不論憂傷、寂寞、喜悅或淡定，都是自己對自己的一份體貼了。

貓科動物一直深深擄獲我的心，小時候我養過許多流浪貓，牠們恆常悄然地來來去去，無所依戀，從不說再見。那是個咖啡猶罕見的年代，當然也不盛行一包一包的貓飼料，熱中收養街貓的小女孩如我，只能想方設法的搜刮家裡和鄰居餐桌上的魚刺、魚骨和魚頭，拌在白飯裡，夜來放在家門口，等待那些鎮日自我放逐的貓兒歸來吃點飯。想來我打很小，就有知覺必須用食物來照顧心愛的人與獸了。

而我更愛慕老虎，貓咪其實是退而求其次的飼養。據估計，全球目前僅剩下三千多隻老虎存活著，峇里虎、爪哇虎、里海虎已經滅種，其餘西伯利亞虎、華南虎、印度支那虎、孟加拉虎、馬來亞虎和蘇門答臘虎，則被列為「瀕危」或「極危」地在這星球的闊葉林或熱帶雨林裡，努力的活下去。

李安的電影少年Pi，如果隨著漂流海上的不是那一隻犬齒粗壯、性情獨孤、皮毛既美麗又威嚇的孟加拉虎，Pi又何必要為一隻不回頭、絕然而去的獸哭泣呢，就是因為那是隻如此深奧、深邃的虎啊。

抱歉這是一本飲食書，怎麼忍不住不合時宜地說了這麼多關於虎。明明要說的是下午茶。

去年台灣出版了一本在英國已發行超過半個世紀的童書《來喝下午茶的老虎》（The Tiger Who Came to Tea）。我和孩子們非常喜愛這本圖畫線條古典、純樸、充滿時間感卻又不過時的繪本，故事本身充滿了奇想與溫暖，在家裡正要坐下來好好享受下午茶的一對英國母女，突然門鈴響了，跑進來一隻金色大老虎說肚子餓、要喝下午茶，接著，這位意外的訪客吃光了家裡所有餐桌、冰箱、櫥櫃裡的食物和飲水，一陣大大的酣暢飽足，牠道謝以後即飄然而去。

爸爸下班回家了，發現家中沒有晚餐可用，他無任何慍色，就帶著妻女到外頭小餐館點香腸、薯條、冰淇淋吃。隔天，小女孩和媽媽出門去採購糧食，她們特地買一罐特大號老虎罐頭回家，以等待飢餓的老虎再度上門。而老虎，像是那一夜消失了的星子般，再也不曾來過。

在這個簡單的故事裡，食物映照出了親情和友情的具實溫暖，小女孩和媽媽在家裡廚房的下午茶聚會，小洋裝、蝴蝶結和包鞋的穿戴整齊，表露

出那時代英國小家庭的經濟能力與文化，冰箱裡被老虎吃光的胡蘿蔔、高麗菜、番茄、烤雞等等，又讓我們感受到真食物的古老與永恆。五十年後展讀中譯本書頁、遠在東方的我們，依然還吃著這些繪本裡面的菜蔬。

孩子們說，媽咪，我也好想在家裡吃下午茶，可以麼。

當然行，親愛的孩子。南投山區這些年已栽種出很好的阿薩姆茶葉，台中等地也有農夫成功種出本土小麥來磨成麵粉，我們大可使用這些在地新鮮的材料，沖煮奶茶、揉做燕麥餅乾，悠乎悠乎的等待大老虎也許來按門鈴，跟我們一起喝下午茶。

先說奶茶好了。我喜歡用魚池鄉，一心二葉手摘的阿薩姆茶葉湯，調和一比一的全脂鮮乳，在小鍋裡大火煮開，然後倒入瓷壺、瓷杯，慢慢飲啜。

現在我們在市面上買到的台產阿薩姆茶葉，是日治時代由日本人引進印度阿薩姆省「阿薩姆紅茶」大葉種茶種，當初選定海拔約八百公尺的魚池鄉開始栽種，經過茶葉改良場不斷的研發改良選育，成就了當今茶湯紅豔明亮的台茶八號。

若想喝不加奶的紅茶湯，那麼我就飲用又叫「紅玉」的台茶十八號。這是茶改場經過五十多年的試驗與研究，挑選出以緬甸大葉種紅茶母樹和台灣野生山茶父樹的育成結晶，香氣中有淡淡的肉桂與薄荷隱隱約約。在夏日的微曦中起床，煮開

阿薩姆奶茶

材料：

阿薩姆茶葉、全脂牛奶、蜂蜜或砂糖、水

作法：

❶ 先用熱水溫杯、溫壺。

❷ 雪平鍋內將水用中火煮到沸騰，然後把適量茶葉放入滾水中，轉小火，等待幾秒鐘讓茶湯稍微有顏色。

❸ 此時將牛奶倒入茶湯中，用湯匙攪勻，馬上關火。

❹ 將煮好的奶茶過濾到已溫熱的茶杯中，即可飲用。

❺ 是否加糖或蜂蜜，視個人對甜度的需求。喝奶茶時我喜歡搭配栗子蛋糕或原味蛋捲，糕餅已有甜味，因此我的奶茶只有茶湯與牛奶，無加糖，我覺得這樣更能品嚐出紅茶的原始味道。

小提醒：

茶葉與水的比例，視乎你所買的茶葉以及各人所喜好的茶湯濃度，多煮幾次就能掌握到自己的偏好。一般來說，三克茶葉對三百ＣＣ的水。而牛奶與茶湯的比例是一比一，但亦可視個人

對奶茶濃度的偏好而做奶量的調整，無須過度執著食譜所寫的比例。

延伸閱讀：

尋味紅茶／葉怡蘭著／積木

來喝下午茶的老虎／朱迪絲．克爾著／遠流

水、凝看茶葉在滾水中翻騰，惺忪的狀態下端起這杯台灣紅玉，呼呼啜著，再展開一天的煮飯、洗衣、寫書工作，我常常想，我願意這樣老去。

和孩子們說了這百年歷史、台灣紅茶的故事以後，我拿出單口瓦斯爐與小雪平鍋，指導孩子們如何煮一壺香醇的奶茶，人生漫漫，縱使老虎從不扣門來共度這午茶時光，只要學會為自己煮杯茶，路上不論憂傷、寂寞、喜悅或淡定，都是自己對自己的一份體貼了。

宴客之湯

一鍋精華鮮美的好湯，是我們小島人民四季圍桌時，
感覺最慶賀最放鬆的時刻了，日常裡生病的人要喝湯，放假時幸福的人更要喝湯……

最近有機會到友人家作客，作客帶禮是舊時人們情感穿流的好傳統，可送什麼禮好呢？這從來不是簡單的問題，二十年前鄭重地獻上大蘋果禮盒、送兩包咖啡豆就可讓朋友感受到收禮的驚喜、送禮人的情意，如今網路宅配無所不及、人們衣食無虞，往往挖空心思也想不出到底送什麼禮才能不失儀、禮數周到、賓客兩歡，難哪。

而這位友人是經常五湖四海、參訪歐美日本各國建築物的室內設計師，有次聚會聽他形容在西班牙吃伊比利火腿的滋味如何撼動，那豬肉的榛果香氣與三十個月地窖低溫熟成所帶來的口感溫潤，令他久久難忘，嗚，遇到這樣美食成精、見多識廣的朋友，到他家作客送禮、還能帶些什麼有新意的呢。

想了又想，何不就走在地純樸路線。於是我們帶了二十個炭烤胡椒餅，和一大鍋用全雞所燉煮的紅麴雞湯到朋友家，此古早味胡椒餅的木炭烘烤工序，造就了黑豬肉內餡的柔嫩多汁和餅皮的酥脆層次，十多年來一直是我的點心最愛之一，而這鍋雞湯除了傳統釀造紅麴以外，無任何其他豪華食材添加，靠的就是土雞和紅麴熬煮兩個小時的原味。吃遍四方的好友咬下胡椒餅、端起雞湯啜了一大口，眼神晶亮亮，直到一年後，他們一家子還念念不忘那個下午簡單的餅與湯。

足見美好的食物，所能帶給友誼的添香長長久久。也就不枉費我們當初作客時的苦苦思量。

「醃篤鮮」就是一道可以在自己家裡動手做的江浙菜系名湯，不論宴客或家人嘴饞，「醃篤鮮」雖豪華，但比起佛跳牆又溫潤平易得多，與一般湯火鍋相比則更隆重濃醇，那乳白色的湯汁裡，久燉筋肉所釋放出膠原蛋白的潤，百頁豆腐在砂鍋內的綿軟，引人不停地下箸。

我們甚少在館子裡點醃篤鮮，蓋這道料理費工又費食材，在館子裡點它荷包頗傷，因此，若能學會燉這道名湯，一輩子都很受用。醃篤鮮的主要材料是百頁結、冬筍、青江菜、金華火腿、豬腳（或五花肉），冬筍以竹山最有名，物以稀為貴，我在菜市場買到兩小支外殼毛茸茸、不到巴掌大的輕盈，秤一秤竟要價一百五十塊錢，但冬筍硬是值得這身價，煮得越久它越香，整個屋子香得像藏個江浙大廚在廚房裡掌鑊似的。再秤兩斤黑豬後蹄，主材料就都齊備了。當然還少不了起鍋前，這一季天氣好、長得肥碩的青江菜。

像這樣一鍋精華鮮美的好湯，是我們小島人民四季圍桌時，感覺最慶賀最放鬆的時刻了，日常裡生病的人要喝湯，放假時幸福的人更要喝湯，簡單的豆芽番茄排骨湯是小喜樂，而一鍋風味濃郁、食材豐富、顏色好看、忘記卡路里的傳統燉湯則是小放縱，再清炒兩盤時蔬、清蒸一尾當令肥美的魚，飯後端上金色蜜棗、紫色的蓮霧葡萄來收尾，那麼這一餐飯，了無缺憾。

醃篤鮮

醃篤鮮的「醃」是指醃過的肉，「鮮」係指新鮮的肉與青蔬，而「篤」，乃慢火燉煮之意。

材料：

金華火腿或鹹肉五百克、五花肉或豬腳五百克、新鮮冬筍三百克、百頁結（可視個人喜好，塞些豬絞肉可）、青江菜、蔥、薑、米酒

作法：

❶ 將五花肉或豬腳先汆燙去血水。冬筍滾刀塊成適口大小。

❷ 將汆燙好的豬腳或五花肉切成塊。我喜歡用豬肉蹄，筋多肉少，皮Q。

❸ 將金華火腿肉或鹹肉切成適口塊狀。

❹ 把薑先入鍋內爆香，然後放入砂鍋內的冷水一起煮到滾。

❺ 水滾以後，將米酒、五花肉（或豬腳）中火煮沸，然後轉小火十分鐘。關火。燜十分鐘。

❻ 再開中火，將冬筍塊和金華火腿肉（或鹹肉）一起小火熬煮兩小時以上，讓湯汁保持在微微沸滾的狀態。

❼看到湯汁已呈乳白色時，再放入百頁結一起煮二十分鐘，此時可開始調味，放入蔥段。

❽起鍋前再放入青江菜即可。

小提醒：

鍋具請使用圓形砂鍋，勿使用不鏽鋼鍋，方可顯出醃篤鮮的溫潤風情。

每家鹹肉的鹹度各有不同，調味時請逐步嚐試，勿一次下手太重、避免過鹹難以挽救。

依農友之囑，冬筍務必在水沸騰以後方可放入，才能達到冬筍鮮脆不澀的口感。

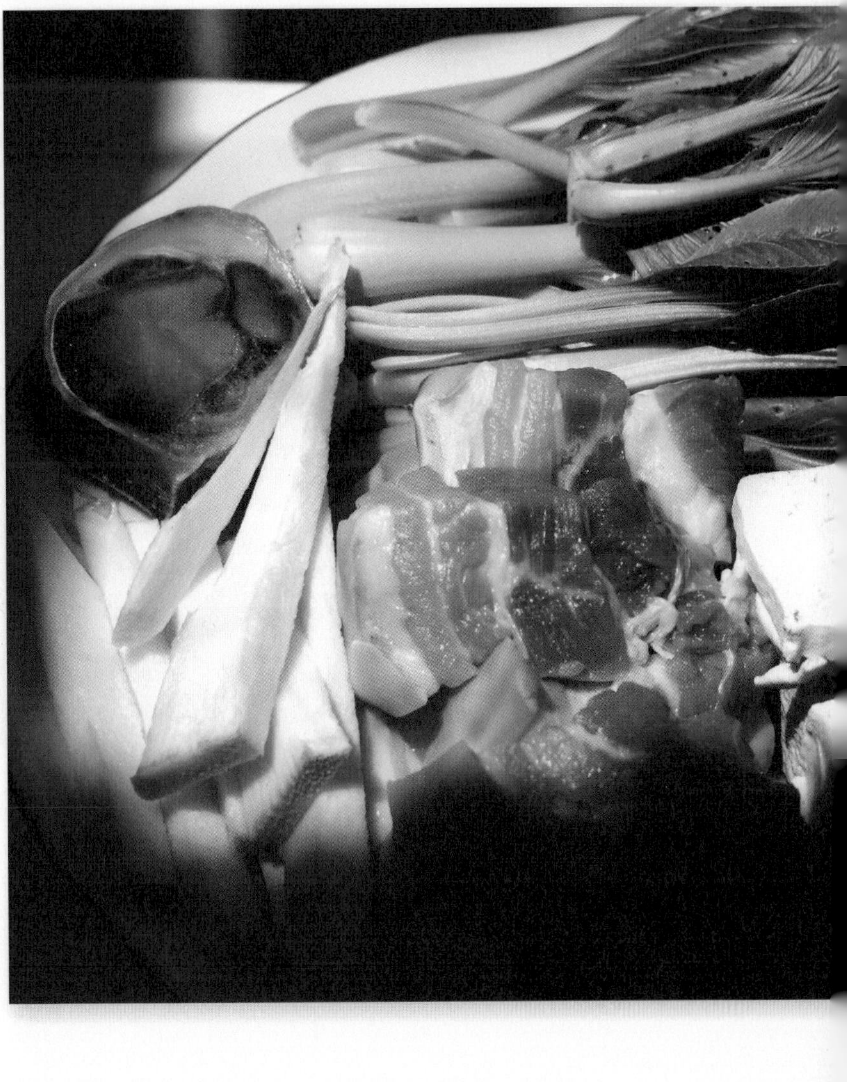

新鮮山藥松子湯

這鍋湯很容易煮，材料簡單，滋味濃郁，很適合全家人秋冬的夜裡呼嚕呼嚕品嚐，招待友朋亦相宜。

材料：

新鮮松子和枸杞適量（看各人喜好，一小把、一大匙皆可）、山藥切小塊、豬軟骨一小塊（熬湯用，為避免太油膩，我只取一小塊即足夠）、鹽、植物調味素

作法：

❶ 豬軟骨先汆燙去血水，這樣可保湯頭的清澈。

❷ 豬軟骨置於湯鍋內，冷水將山藥一起煮到滾五分鐘以後，然後試吃，直到山藥熟軟。（山藥煮多久才會熟透軟Q？每種品種山藥所需的時間不同，有的五分鐘就熟，有的卻要二十分鐘，為了不讓山藥煮到太爛甚至鬆散，我會站在鍋邊適時試吃。）

❸ 山藥八分熟時，將松子置於鍋內一起煮五分鐘。

❹ 起鍋前放入枸杞煮一分鐘，枸杞的營養和口感皆不耐久煮，因此，煮沸一分鐘就好。

❺ 最後，調味鹽巴和植物味素，即可起鍋。

小提醒：

枸杞和松子屬於潮溼氣候下易生黃麴毒素的堅果類，購買時，請盡量挑選長期處在穩定冷藏狀態的來源，盡量不要購買散裝、無冷藏、或退冰後的枸杞與松子，黃麴毒素乃一級致癌物，須審慎避免讓家人與孩子攝取到毒物。

竹山冬筍

農曆年前為煮一鍋應景的醃篤鮮慶歲暮團圓，在濱江市場買竹山冬筍時一斤兩百八十塊錢，冬筍乃孟宗竹的幼芽，熬越久越香郁，煮醃篤鮮時滿室生香，遂忍痛買兩支。

清朝滿漢全席即將冬筍列為「小八珍」，媽媽也告訴我，煮螺肉魷魚蒜湯，缺冬筍不可。冬筍是「金衣白玉，蔬中一絕」，即使它靜靜躺在路邊，依然美。

四月中我在湖光市場口見小販賣冬筍三斤只要一百元，外殼的絨毛觸摸起來柔嫩新鮮，真是上等貨。老闆說已是產季的尾巴了，俗俗賣。

當令好，當令的尾巴也仍然好，那是這一季最後的一抹金色餘暉。

媽媽的雞酒糯米飯

媽媽是這麼的會使用糯米，當年那粗勇的雙手如今已布滿老人斑，力氣逐年變小了，為愛用糯米來繁衍下一代的生命，卻不曾改變。

孩子們秋天時回外婆家吃飯，吃到老人家一時興起、用電子鍋烹煮的薑母雞酒糯米飯。我的老媽媽整整倒了一大瓶米酒下去，那鍋蓋一打開，富含酒香的蒸氣一股腦兒地撲襲在臉上，令一群孩子們頓感驚喜。我笑著跟媽媽說，又沒有人做月子，今天怎麼煮這麼補。媽媽無回答我，只是望著發育中的孫子孫女們，和愛吃古早味的女婿，一臉慈然。

糯米外觀呈白色、不透明，味甘、性溫、補氣，尤適合在寒涼季節食用養元氣，雞酒糯米飯是一道非常鄉土、且毫無花俏之處的料理，連顏色的層次變化都談不上，和孩子們平常喜愛的鯷魚香腸披薩、乳酪馬鈴薯疙瘩或海蝦蘆筍義大利麵那樣視覺與口感上的豐盛，這就只是老薑母和麻油煸香以後，和雞肉、長糯米一起倒入於電子鍋，再加上一整瓶米酒（加不加水由人隨意了）、鹽巴調味，即可按鍵等待煮熟。

不想孩子們竟對這雞酒糯米飯萬分驚豔，咬在口裡燒燙燙的直說真好吃真好吃。米酒蒸煮過後的特有芳香，糯米的軟滑黏性與雞腿肉的鮮嫩，揉合了薑母不刺激又順口的辛香味兒，雞汁於米粒間如此柔美，帶來舌尖上的大滿足。真懂得吃的孩子，對這種不花俏的傳統料理，也有能力品味出質樸食材它本身的華美。

於是我打電話給媽媽，請她教我怎麼做薑母雞酒糯米飯，但老人家淡定於電話線的那一頭拒絕了我，她說，你們喜歡吃，只要回來我就煮給你們吃啊，你幹麼什麼都要會！你那麼能幹做什麼！電話裡哪能教煮飯教得清楚，你回來我才煮給你看！

媽媽在電話裡的每一句，我都嗅出了一位老婦對於女兒長大成人以後的廚藝能力精進而感到說不出口的矛盾、不安、沮喪。女兒越能煮，帶孫孩們回娘家吃飯的頻率似乎就越低，中年女兒不需再如此依賴媽媽的家常菜飯，這可也讓老人心裡憂愁。我悄悄的感傷起來，也許這些年我忽略媽媽太多，回家吃飯的頻率怎樣都嫌不夠。

自幼即喪母的媽媽還擅長做蕉葉糯米飯，並不是印尼風味那一款加了南薑、香茅、椰汁的方式，而是她幼年在金瓜寮鄉間，跟隨著姨嬸長輩去充分利用山區野生蕉葉所包捲的蝦米、蘿蔔乾糯米飯，靠山吃山的人連溪邊的蕨類都能採吃，拿蕉葉來當食器，其創意與藝術性，又豈是如今的高級骨瓷餐具可比擬。

媽媽是這麼的會使用糯米，當年那粗勇的雙手如今已布滿老人斑，力氣逐年變小了，為愛用糯米來繁衍下一代的生命，卻不曾改變。

我還是偷偷的把這道鄉土料理給學起來，但不讓媽媽知道。過幾年她更老了，當有一天煮不動時，我再煮一大鍋給媽媽和弟弟妹妹們吃，允諾實踐媽媽常交待我的，長姊如母。

電子鍋雞酒糯米飯

材料：

長糯米四杯、米酒半瓶、雞腿肉切塊、麻油、老薑切片、鹽

作法：

❶把糯米洗乾淨，雞腿肉先放在沸水內煮滾約兩分鐘去血水，然後撈起來備用。

❷起平底鍋把老薑片和麻油一起爆香到略呈褐色。熄火。

❸將長糯米放入內鍋，把爆香過的薑片與麻油，和長糯米一起攪拌。

❹將去過血水的雞腿肉平鋪在生糯米上。

❺倒入米酒和水於鍋內，並視個人喜歡的鹹度加入適量的鹽攪拌均勻。至於煮糯米飯所需的全部酒水量，約是煮白米飯的七成。

❻按下電子鍋的糯米功能按鍵即可。

❼煮好以後，務必悶過十分鐘以後再開鍋。

小提醒：

若喜歡酒氣的甜味，也可完全用米酒，不加水。多數的食譜建議糯米與薑片、雞腿肉一起先炒過，但我依循母親幾十年的簡單料理經驗，雞腿肉與生米入電鍋直接蒸煮，省時、省能源、省工，且依舊米酒香四溢、雞腿肉軟嫩多汁。

菜價的思考

讓那些為我們種菜、種米、養魚、養蝦、養豬的辛勤工作者，承擔天災的壓力與損失之際，尚且能得到合理的報償吧。

週一菜市場公休，多數小農也在週六日的旺市，賣光自己菜園裡好幾天可採摘的蔬菜量，故週一的菜市場好冷清。有時我只好到農會的農夫市集去走走逛逛，帶著尋寶的心情，也許會遇上過貓、佛手瓜、秋葵等比較特別的菜蔬也不一定。今天倒是有兩把莖白細嫩的珠蔥，農夫已整理好一束一束鮮綠晶瑩，看起來我只要過了清水、切成小段，即可下肉絲快炒出一盤香氣四溢的蔥菜了。

可這把珠蔥的價錢並不便宜，五兩重、賣五十塊錢，五兩大約不到一百九十公克重，換算起來一斤約賣一百六十塊，而這是個好年冬，陽光夠、雨水充沛，這陣子全台蔬菜大盛產、價格低廉，一大顆三四斤重的高麗菜殺低價只賣二十塊，我手握著這把珠蔥，猶豫了五秒鐘。思考一會兒，我還是掏錢買下這把嫩如絨的蔬菜。

一來、因為珠蔥有季節性，值此冷涼的冬春之際，本地珠蔥的口味正值甜美，此時節若不把握把它大啖幾回，一錯過，就又是一年以後了。

記得小時候一大早上學前陪媽媽去種菜，她常念著「秋茄，白露蕹，恰毒過飯匙槍」，意思是，如果在秋天吃茄子或白露節氣時吃空心菜，那可就得當心比眼鏡蛇的毒性還要強了，要吃就吃當季的，不是當季的農作物不用奇門怪術可怎麼種得出來。因此，我從小對於「旬之味」就格外有信仰。

再且珠蔥種植不易，太多雨水它會爛、陽光太多又催它粗老，這好幾個月的生長期說短不短，說長不長，完全得靠老天爺晴雨雙全剛剛好的賞賜，若不幸遇上北台灣冬雨霪霪，逢久雨即泡爛，則在地珠蔥的身影就難覓了。

三是因為我曾自己親手整理過一大把帶著泥土的珠蔥，珠蔥頭堅硬無比，我先徒手將一球球的鱗莖撥去泥土、再剝開一層層的紅色外膜，不僅耗費時間、且手指頭經數十分鐘的去土、剝膜的，其痛無比，原來，種珠蔥辛苦、把整理珠蔥到漂漂亮亮可切可煮更是不輕鬆！這麼一想，一把經過夜風雨露陽光吻炙、渾身上下充滿養分可滋潤人類生命健康的珠蔥，又得洗淨整理到有賣相，付給農人五十塊錢的酬勞，如何能算多呢。

便利商店一小包機器大量生產、含人工香料的洋芋片賣三十九塊，冷飲店裡一杯珍珠奶茶也可賣到七十塊錢，一小球進口冰淇淋動輒破百元以上，而一把蔬菜所能夠帶給晚餐的趣味，理應超越那些快速生產製造的「食物」吧。這樣的比較法，

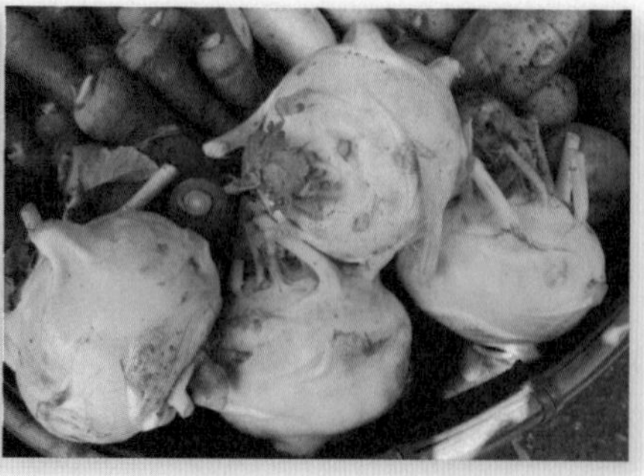

或許可讓人較清楚思考自然農法蔬菜的合理價格。

其實我不是非有機蔬菜不買不食，傳統菜市場路口的大多數小農與老農並無能力或財力去申請有機認證的執照，但我依然願意日日去尋索他們小小攤子上的農作與收穫，因為：

他們會教我怎麼辨認原生種的莧菜，
他們會告訴我芋頭為什麼被蟲咬得這麼多窟窿，
他們會教我怎麼煮福菜蒸肉餅和破布子清蒸魚，
他們還會教我佛手瓜煮湯加虱目魚丸更爽口更甜。
他們說，今天這些菜就算賣光光也沒有賺幾百塊錢，我何必騙你有沒有農藥呢。
或種菜先讓蟲吃飽了，人還是有得吃啊。

關於買菜我時時心裡在乎的，不是非要一張有機認證不可，但我很確定，我絕不希望肚子裡吃進已被禁用的農藥、過量的硝酸鹽或荷爾蒙生長激素，我不希望除草劑對土壤和生態的破壞，也不希望農人在種植的過程裡，因農藥的不當使用而損毀他自身的生命與健康，我不希望我吃飽了，但種菜的人卻病倒了。

我但願那農業的發展，但願我吃進去的每一口水果和蔬菜，不僅滿足我個人的口腹之慾或是維生所需，並且，那種植的人兒與環境，也可以跟著我的消費，無害、受眷顧。

據統計台灣一年大約消耗掉四萬公噸的農藥，四萬公噸的農藥量噴灑在你我每天吃食的農作上！四萬公噸絕對不是個可漠視的小數字！

不論是第一級禁用卻被偷用的極劇毒性或是第四級的輕毒性，農藥都會飄散到河水，會染上農友的手與鼻，會殘留在菜葉，會侵蝕了土地，會殘害採蜜授粉的蜜蜂，最終可能會進了我們的舌尖與腹肚，作為一個每天料理和採買的女人，我想，我至少，也必須，透過消費的行為來表達我對農藥農業的擔慮，與絕對的謹慎。

所以，舉凡商店通路的有機蔬果，或是路邊小農的一台菜車他勤懇表示不濫用農藥，凡充滿生機的可食新鮮，我都很歡喜的掂斤秤兩帶回家。

我的小家庭每天烹煮四人份晚餐，通常食用三種總共不超過一公斤的蔬菜、三百公克左右的肉類或海鮮、三四顆雞蛋或一份豆腐，以及兩杯白米（四碗白飯），如此分量即足夠餵飽全家人，既不造成廚餘浪費，也不會匱飢。

源自於對採購分量的自覺與節制，使我有能力去採買較安心、粗耕或是自然農法的蔬菜，可以選購人道飼養的雞蛋，可以採買無毒養殖的本島海鮮，買少一點，吃少一點，吃的天然一點，取之適量，是以純淨。

十幾年前兩個孩子甫陸續出世，我開始在辦公午休時間，去採買些自然農法的蔬菜、蛋、白米等食材，記得當時婆婆、媽媽和許多女同事們，對於這些有機種植蔬果的售價，感到相當困惑甚至不以為然，她們常常圍觀我的菜籃以後，下了結論「你被騙了呀，這有不有機誰知道，這麼貴的菜你也買！」

至今十幾年過去，隨著全球有機農業的發展、台灣各種蔬果通路的擴張，以及國人對食物必須安心純粹的渴望，有機無毒的飲食生活越來越受到人們的重視，我購買有機菜的消費行為，逐漸不再被視為稀奇或傻氣，我們每天一早起床就張開口喝水，乾淨的水要來自於不受汙染的河川和流經的土地，所以，不迷信有機的標籤，但我支持力求純淨的農業，不談輝煌的理念，落實於消費，只因我的家庭日日需要農業的供應。

讓那些為我們種菜、種米、養魚、養蝦、養豬的辛勤工作者，承擔天災的壓力與損失之際，尚且能得到合理的報償吧，至少讓他們可以養家、付孩子學費、繳房貸、繳水電、繳農地租金買肥料，以這個角度為出發，菜價的合理性，我們於是有了更寬厚的思考空間。

但願明亮乾淨的自助餐

這是我給孩子上的自助餐店一課，
這堂課有我們的庶民飲食文化、小店食材鮮度控管、從小細節去觀察店家的經營態度，
還有我們小百姓用消費去對抗工業食品的隱性力量。

大學時在淡水河邊的山上，我一連吃了好幾年的自助餐，有時阮囊羞澀僅點兩道菜、一碗飯和免費的湯，只要二十五塊錢就填飽了青春的肚子。那時大家都在聽Wham唱去年聖誕節，聽瑪丹娜唱宛若處女，聽羅大佑嘶吼假如你先生來自鹿港小鎮，誰沒有過和陌生人一起端著咖啡色盤子，坐在油油白白的長桌上，低頭吃自助餐呢。

那庶民自助餐可是大大有別於如今高級飯店吃到飽的自助餐。平民自助餐沒有生魚片、冰淇淋、鹿兒島黑豚肉、可麗露、窯烤披薩、切仔麵、燻鮭魚、散壽司、抹茶麻糬和卡布奇諾，在蒼白的日光燈管下，小自助餐店供應的是，薑絲地瓜葉、胡蘿蔔炒蛋絲、燙豬肝、宮保雞丁、白菜滷、燙秋葵、韭菜炒豬血、木耳絲炒高麗菜、滷豆腐和一盤肥肥的紅燒肉。

對出外人來說，花不到百元可打到蒸騰熱氣的菜肉三四樣，湯品自取，有的店家甚至還附免費綠豆湯，方便實惠，絕對是人生打拚過程的重要省錢驛站。大學畢業後，如願以償進入外商體系上班，每天穿著三吋高跟鞋和深色套裝開會打仗的我，依然喜歡中午獨自去吃自助餐，那家東區巷子後面的鐵皮屋小自助餐店，丈夫煮飯、婆婆打菜、太太收銀、男嬰躺在搖籃裡流口水牙牙學語，牆上的電視機

反覆播映著乾硬的新聞，每天變化出二十幾樣菜在檯面上努力吸引著飢餓的普羅小民，我日復一日這麼吃著，彷彿也成為那一家子的默默參與者了。

多年以後，嫁為人婦，生了兩個孩子，因為顧念著孩子的飲食生機需求，自己下廚開伙的機會日益增多，不知不覺，我竟有十年光陰沒再踏進過街坊的小自助餐店了。

直到這些年，看到那麼多中小學生，放學時簇擁熱鬧地聚在連鎖便利商店，這些正發育的孩子們，寧可買微波加熱的中央工廠便當外加一瓶含糖人工飲料，也不想走進旁邊的小自助餐店，選幾道師父剛端出來的熱騰騰湯菜。工廠便當裡的高麗菜乾癟無汁，卻輕輕鬆鬆就打贏了小自助餐店的軟嫩莧菜。

十歲孩子的飲食品味這般工業化，令人心驚。

我決定趁孩子還小，找機會帶他們去街坊的自助餐店吃飯，讓他們跟在媽媽身邊去體會，像這樣的庶民飯堂，其新鮮、多樣、手工、個人化的台灣味，價廉物美，較之超商微波便當，更屬真滋味。

小學生每週三只上半天課，那是我們母女台北微旅行的小時光，為了爭取時間，於是我試著帶娜娜去找幾家位於校門口附近的自助餐店吃便飯，我想，讓孩子親自體嚐選菜、打菜、結帳的過程，即是最踏實的生活體驗，青菜、豬肉、雞腿、小卷、白帶魚等各種食物價錢有別，這是沒有比賽獎金的實境秀，自助餐店的客人有學校老師、有外傭帶著老人、有今天不想煮飯的媽媽、有說得一口流利中文的老外、有在旁邊修馬路的工人，此地小小一方，滿滿流動了升斗小民的生活氣息。

孩子起先非常抗拒。她的同學不是去吃薯條雞塊漢堡，就是和媽媽一起去咖啡廳吃簡餐點義大利麵，要不然去便利商店挑個咖哩飯集點數換公仔也好，為什麼她就得到這種鄉土味十足的小店吃飯呢。尤其，後來又有些不是很愉快的用餐經驗。

有回路過，我和孩子不意看見某家自助餐店的工作人員，正蹲在店門口整理一大桶馬鈴薯，那些馬鈴薯的外皮已經顏色變綠、長一些芽眼了，學校老師和我都教過孩子，長芽眼的馬鈴薯含龍葵鹼毒，不適合再食用，但這家自助餐店卻把芽眼挖掉、綠皮削了、清洗切絲備料中。孩子看了，倍感不安。

還有一次我們坐在小吃店裡吃飯，無意中發現桌子底下放著一大簍高麗菜，裡面大多數的高麗菜葉已枯黃到長黃斑、發霉，實是品質非常不新鮮的蔬菜，頓時使我們胃口盡失。孩子對我嘟著嘴說，媽媽，你看，這樣的高麗菜老闆還煮來賣，為什麼你一定要帶我來吃自助餐呢？

印象更深刻的是，某天我們在校門口附近一家生意很好的小自助餐店點一尾肉魚，原先估量生意這麼好的小館子、吃魚理當新鮮有保障，沒想到又是一次的失誤，那尾肉魚我們母女倆僅吃一小口就因為腥臭非常，而望魚興嘆、無法再下箸。素來我不准孩子浪費食物，但這一次我卻必須告訴孩子，在外頭若吃到這樣腥臭的魚，你可得悄悄的放下筷子。

我心中感到遺憾，不管是做高檔餐廳或小自助餐店，食物乃維生之根本，在食材的品質上追求最基本水準的新鮮，是最起碼的職業倫理，而這些自助餐店雖然出了一盤又一盤熱騰騰即時料理的菜，卻沒能允諾給客人一份安心的伙食，我雖有心支持傳統小店的生機，但上門若看不到健康直挺的菜，頂多只能做我一次生意，不論多平價、有多少豐富菜色，以後我不會再光顧了。

幸好孩子也有愉快的自助餐店經驗。這些年出現了一些求進步的自助餐業者，坐在店裡吃飯的眼睛和舌頭皆可感受到，空調設施俱全、燈光明亮、牆上貼著畫作裝飾壁面、每位理菜、煮菜和收銀的工作人員都頭髮挽起、戴著帽子和口罩、魚肉菜餚新鮮入味，也許不提供免費的湯，但售價一碗十元的湯品，都有蔬菜如白蘿蔔或韭菜的甜味。

雖然裝潢和食材不豪華不時髦，其規格卻已足夠讓出外人有頓飽足安心的餐飯。像這樣用心的店家，我和孩子就樂意在週三出發往小旅行的中午，一再回訪。

住家附近若能有家這樣乾淨明亮的小自助餐店，值得慶幸。

有時我會遇見鄰居的退休夫婦結束圖書館志工工作後，到那兒用個便飯（兩個人著實不好開伙啊），每天晚上六、七點我出門去接孩子放學時，也會看到很多剛下班的職業婦女牽著甫從安親班放學的孩子，從從容容地坐在自助餐店裡、四五道菜擺滿一盤，吃飯配湯。

也有不少老外端著盤子、熟門熟路的拿著長夾子慢慢選菜，我想有天他們回到家鄉憶起在台灣的日子，必定難以忘懷這片土地上，只需花個七八十塊錢，就能吃到有證照廚師的親手料理，炸排骨、三杯雞、洋蔥炒蛋、白菜滷、炒空心菜、蛤蜊絲瓜、鹹蛋炒苦瓜、宮保雞丁、煮南瓜和瓜籽蒸肉，放眼全球，恐怕只有台灣的小自助餐店，才能長年不斷、所費不高，老老實實地餵飽旅人你我一頓。

這是我給孩子上的自助餐店一課，這堂課有我們的庶民飲食文化、小店食材鮮度控管、從小細節去觀察店家的經營態度，還有我們小百姓用消費去對抗工業食品托拉斯的隱性力量。

採買即期品，是道德的、是趣味的

拯救可食的食物，撙節食物的支出，珍惜食物的存在，考慮購買即期品，也是一條當行的路。

十年前若是在超市裡，看到貨架上各種食物的包裝日期，顯示為快到期的，我就會習慣性伸出長手往貨架的更深處去撈撈看是否有其他較後期出廠的更新鮮貨品，當時內心是這樣計算，花一樣的錢，誰要買快到期的呢。就算那些即期品有時下殺七到五折作折扣出清，我也興趣索然不為所動，總覺得差不了那幾十塊錢，就讓家人食用最新鮮珍美的，那些貨架上即將到期的東西，營養和口味不知變化如何，能免則免吧。

然這兩年關於即期品的採購想法，我卻徹底轉變了，引起我如此轉換思維的，不是出自於不景氣的猶豫或恐懼，而是我開始進一步思考，如果這些快到期的食物還是可食之物，它們依然具有滋養、維繫人類生命的功能，而我只因它逼近「賞味期限」就放棄，那麼最終這些已生產出來、猶可食用的東西，命運該往哪裡去呢？

如若每個消費者站在冷藏貨架前，都只肯挑選最新生產日期的鮮奶，那麼那些早了幾天生產的鮮奶，慘遭下架後除了拿去當農事肥料，或被銷毀，還能怎麼樣呢。以此延伸下去如豆漿、果汁、豆腐、起士、沙拉醬……等等生鮮物品，大抵命運皆如此，這豈不是太浪費！根據聯合國數字顯示，目前全球每天有數萬個孩子死於飢餓或營養不良，想想在這世界那麼多幽微的角落，有那麼多孩子在受餓發昏的狀態中渴求一小碗米湯或麵粉，而我卻以快到期的年月日數字為購買與否的依據，這樣率爾對待食物，怎能不說是任性與浪費。

現在每個月我會刻意安排一個午後，帶著一點點到城裡找好料的心情，穿著簡便、背著購物袋，搭捷運到東區一家百貨超市尋找各種適合或可開發我料理手法的各種即期品，我永遠不知道今天會遇上什麼樣的快到期乾貨食物，所以，每一次都是探險或尋寶。例如今兒早我動作輕細地挖出一小匙罐頭鹿肉餵貓咪，就是購自超市的即期出清品，然這個早晨，可不只是貓兒吃即期品，我孩子們的午餐便當，除了一碗南瓜秋葵咖哩糙米飯，我又放了兩片「豆之味」滷製的五香豆干，現成的豆製品可使我省去料理一道便當菜的時間，黃豆的植物性蛋白質可促進孩子生長期的發育需要，這是昨天黃昏在學校後門旁的商店所買，只剩一天的賞味期限，所以一盒打八五折促銷，我趕緊出手買下兩盒，否則再沒賣掉，這食物就被下架棄置了。

拯救可食的食物，撙節食物的支出，珍惜食物的存在，考慮購買即期品，也是一條當行的路。

一株台灣的暖地藍莓

再會了小藍莓，等我園藝實力更雄厚的時候，我將再試。

夏日吃冰淇淋，除了本土的火龍果和桑葚口味，偶而我也會買一兩桶藍莓起士口味的冰淇淋回家小口小口地吃，深紫色的漿果酸酸甜甜，和起士濃重的特殊味道甚為搭配，有時在超市看到一小盒一小盒的新鮮藍莓如此可愛，也有動凡念的時候，但畢竟價格太昂貴、且進口水果的碳足跡里程數多多少少令我感到不安，只好忍了下來。遂開始想，我可不可能在家裡的小院子，自己種一棵藍莓來解解饞呢？這樣我就不需要站在超市的雪櫃前，天人交戰了。

城市裡，不就有很多人正實踐著「半農半X的生活」，在頂樓、陽台、後院、或者離城不遠的地方租塊農地，下班以後種些什麼蔬菜水果來感受泥土與手感。半農半X，那個X，隱喻了一種人生的協調與折衷，也未嘗不美麗。

這些年我也嘗試種過地瓜葉、小黃瓜、九層塔、迷迭香、木瓜、薰衣草、薄荷、辣椒、檸檬和秋葵，院子雖狹小但並不妨礙農事之夢的小小耕作，除草施肥養蟲的活兒一樣也沒少，後來又聽說雪霸農場有達人種活了一大片藍莓叢，這新聞更讓我信心倍增，可見台灣的風土，也是可能栽植成功這原產於北美洲的灌木、如今盛產於智利、美國、加拿大的越橘屬藍色漿果物種。

於是託朋友從中部幫我帶回來一株藍莓幼木，約三十公分高，枝上已結了十多粒果子，有的果子尚是紅色未轉熟紫，有的果子已深紫如黑、真是寶石似的。我歡

喜的摘下熟果送進嘴裡，台灣真是福地，連藍莓都能種到開花結果啊。

後來才知道日本人也熱衷於研究栽植藍莓的技術與品種，將藍莓分為「暖地」與「高地」兩大類之下，再細分為數十品種，我手上這棵小灌木，正是台灣改良過後的「暖地種」，只是，枝頭上的果子吃盡以後，我的小藍莓樹，在台北市內湖區山坡上的一個土盆裡，曬了太陽、淋了夜露、迎著風迎著雨，蜜蜂來蝴蝶訪，卻越來越長得虛弱了。

想起長篇翻譯小說裡的場景，野莓在美加地區是生命力強盛的漫山遍野，怎麼我給了它酸值的土壤、良好的排水、裸露的陽光，它還日益消沉呢，不僅不再結果，葉子還一片一片落下，細枝也有枯黃之勢，眼看我再怎麼天天呵護，大勢也已去。

許是我的風土不適合它，得給它換個人家，讓這原本資質秀健的小藍莓木，趕在它無救之前，有個新的機會才好。

我想起有位來自台東、現居台北，每天在國立交響樂團拉小提琴的音樂家，除了拉琴、編曲、作曲、指揮、錄音的以外生活，正無比耽溺於他公寓頂樓的農事，川七、番茄、山藥、地瓜葉、空心菜、絲瓜等作物在他園子裡壯健、自由地攀爬成長，就像這提琴家一樣的多情又頑強，他拉琴的手也是挑土擔肥的手，連雞母蟲都上百隻地在他頂樓的泥土裡，長得肥滋滋而快意。他是半農半音樂家的實踐者。

樂團孩子們愛死了這位指揮老師侯勇光，我其實透過臉書的圖文，熟悉他田園比他的音樂多，若我的小藍莓木從內湖移換到他新店頂樓的天空下，那兒雞母蟲數量如此豐沛，想必這位男子關於農事的泥土和情感，都是肥沃的。果真他答應接受這個挑戰，滿是興味的帶回去我這一株無緣的小藍莓木。再會了小藍莓，等我園藝實力更雄厚的時候，我將再試。

幸好我在主婦聯盟買的有機木瓜，吃淨以後，我帶著娜娜將種子灑落在路邊山坡上，經過一整個夏、秋的雨和風，如今它已長到一百公分高，開出一朵朵白色的花了，預計再過幾個月，我將隨時有非基改的木瓜可摘食。想吃什麼就試著種什麼，一棵木瓜樹養了人也養了蟲鳥，綠了地球也肥了土壤，看它一天天抽高，這是多麼有成就又踏實的感受。

明年夏天，吃過酪梨，就讓我將它的核果埋土發芽，然後於路邊山坡種下一棵酪梨樹吧，南方的酪梨落在我的北院，不論成或不成，終究是城裡人農事的足跡深深。

我的菜刀

慣性這東西真沒什麼道理可言，
一如經常做飯的人，不能沒有一、兩把自己握得順手的菜刀……

動物餵養了我，我對於動物特有感情與想像力，因此看到電影裡那鬼頭刀群如波濤般襲向少年 Pi、老虎和船身時，心情也激動、流淚、振奮。我還發現住家附近的一隻麒麟尾虎斑流浪貓，特別喜歡就著有陽光的角落曬舔牠肚腹上的毛，陽光下那瞇著眼的每一個舔，都流露出貓科特有的舒坦，我常想，貓兒生性多疑，為何牠不窩在陰翳的地方舔牠密茸茸的毛髮、豈不更隱匿舒服麼？

可見慣性這東西真沒什麼道理可言，一如經常做飯的人，不能沒有一、兩把自己握得順手的菜刀，這菜刀是不是走京都陶瓷、iF或紅點那類設計大獎的風格並不重要，但一定得拿在手上、順著自己的手勢一路切剁斬炒都穩穩當當才是好。即便是小學生都知道工欲善其事、必先利其器，我煮飯悠悠十幾年，也有我自個兒的菜刀故事。

現在這把菜刀已經用了十四年，是結婚初期、某日工作非常忙碌的開會空檔，我從辦公室打電話給大妹說，喂，你有去市場買菜的話，記得順便幫我買把菜刀啊，越便宜越好，只要切得了葉子就行。

大妹向來手頭鬆、篤信貴就是好、耳朵軟、人家推銷她什麼都行，所以電話裡我再三交代，絕對不可買名牌刀，我只需要菜市場路邊攤一把普普通通的菜刀就

好。

大妹果真隔天就買了把菜刀給我，一分錢一分貨，這把不鏽鋼菜刀只花費九十九元，刀片本身甚薄、重量奇輕，握柄的木頭拿起來也無沉甸扎實之手感，是一把一握即知的廉價物。既然刀身甚薄，我忖度它也禁不起磨，是以這十幾年來亦不曾磨過它一次，它努力工作、切過了幾百幾千次的菜與肉，當然越來越鈍了。

媽媽每回看見我用這麼不稱頭的菜刀就皺眉頭說，怎麼不用好一點的菜刀呢？這款輕蔑蔑的菜刀係按怎會好用？

我暗自嘀咕，再怎麼說，這也是把不鏽鋼製的菜刀啊，拿它來對剖南瓜、切里肌肉片也都順溜堪用，偶而不小心切到手指頭，可一樣會流血削肉的咧，像我這種四口小家庭每天做飯用的菜刀，菜葉能切、肉片可斜紋、還可去魚鱗片，不就夠了麼。

就是因為它日益粗鈍，不那麼靈敏滑溜，下廚動作講求快速的我，才能無傷的在廚房每天進進出出。有幾次為求表現，我在婆家煮飯，婆婆那把金門鋼刀既沉實

又精銳，她老人家鍾愛得很，可我常常舉起它再往下一握、一不小心就滑出了手，只是切蔥花、拍蒜頭去辣椒仔的，就滑切到自己的手指頭。嗚嗚。

被菜刀切過的人都知道那鋒利傷口的痛，是很難忍的，血流滲了出來，肉像被什麼嚙咬著。在婆婆家帶著這傷我還是繼續逞勇煮飯，這情況經驗了幾次毫無改善。婆婆的名家菜刀、我的笨拙菜刀，那以後我對厲害的菜刀就更無幻想了。

所以我更依賴這把伴隨我十幾年，長相平凡、鋒鈍好用的九十九元路邊攤菜刀，握著它切迷迭香、馬鈴薯或軟絲時，常常會想起大妹當年在菜市場為我穿梭找這把菜刀的模樣。儘管姊妹兩人的廚藝路數不同，大妹是辦桌等級的功力與風格，她沒煮過西菜，不識薄荷與檸檬香蜂草，大概也不知何為熟成豬排或松露燉飯，她很會燒烙三杯雞但可能沒嚐過薯泥裡的隱隱奶油味，但如白斬雞她就拿捏得彈力嫩汁，而我始終望塵莫及。

我記得那年夏天我獨自抱著孩子在家裡坐月子，餵母乳得乳腺炎，乳頭破皮流血了，懷中我的嬰孩為了生存本能，仍不斷奮力吸吮乳汁，我咬牙噙淚承受這傷口咬嚙之痛。超憂鬱無助的。

突然門鈴響了，是大妹帶著腰子與黑麻油來訪，她一進客廳便嘮嘮叨叨說你這麼瘦幹麼還要餵母奶、嬰兒喝牛奶不就好了嗎。我沒好氣看了她一眼，然後她轉身進廚房，轟轟轟的一下子就煮了碗香氣四溢的腰子湯端出來，我豺狼似撲向這碗熱湯，她就默默的掃地、擦地板、洗流理台。

大妹二十歲就嫁人了，我們倆只相差一歲，她嫁人時，我猶是個自以為識得人間愁滋味的大學生，我坐在圖書館裡咬筆桿苦惱著論文報告，或徜徉在草皮上唱著不要問我從哪裡來，她卻已展開婦人好長一段哺乳育嬰、又懷孕生產、伺候公婆的人生。我們姊妹倆一路往不同的方向走去，多年以後，最終我們又都為了自己男人小孩的吃喝，遁入廚房各有技藝。

有一次某位不熟的同事問起站在我身邊的大妹說，這是你母親嗎？

我的身形如悲慘的紙片人，大妹則豐滿短壯。我的聲音柔亮，大妹的聲音低沉混濁。我喜歡穿極簡的單色卡斯米雅材質上衣，大妹卻喜歡穿菜市場印花鑲水鑽的化纖襯衫。我留著刻意素質的長髮，大妹總是經年蓬鬆的蜈蚣辮。我喝咖啡讀書寫書，大妹喜歡做完家事以後，去菜市場溜達交朋友。大妹永遠記得在爸爸的忌日前打電話提醒我，姊，過幾天別忘了回家去拜拜喔。

我常常想，大妹活得踏實多過我。

大妹僅小我一歲，這把她為我選的菜刀，歲歲月月，我永遠覺得溫暖。即使剁雞肉剁得吃力勉強，也將永不退職，在廚房與我相伴。

授乳

是零歲嬰孩用她貪婪噙淚的尋索與咬嚙乳頭，開啟了我的餵養之路，
也讓我因此逐漸了悟，那生活的本質，不脫農業、烹飪是也。

今日天氣暖熱，出門時我順手把一罐冰啤酒和小不鏽鋼隨身瓶的熱紅茶都放進包包裡，俾便隨時解渴。我的壞習慣就是欠缺喝白開水的能力，每日早晚飲酒、飲茶、飲咖啡、飲豆漿等各種不加糖飲料來補給水分（個人非常討厭飲水中有糖的口腔黏膩感覺，要漱口也麻煩），真是非常任性。

常常在等公車時若陽光驕烈、曬得刺眼，我邊遙望著這條遼闊的大湖公路前方，是否出現了我要搭的公車，邊撈出躲在包包裡的小罐啤酒、打開拉環，就這樣站牌下獨自喝將起來，畢竟退冰太久的啤酒走味可惜。

台灣啤酒新鮮，歐洲修道院生產的啤酒濃冽，我都喜歡。據說一九七四年在敘利亞出土的古物裡，記載著一篇給美索不達米亞平原的啤酒女神的史詩，後人因此詩篇而推論出西元前兩千五百年，人類已生產過許多種類的啤酒。那麼我想，我約莫是丈夫心中的啤酒女神了，他知我暑熱下廚勞苦，總是下班回家抱回一箱啤酒，然後聳聳肩說，趁新鮮、你要記得喝啊。

回想這一生唯一戒慎恐懼地、不敢隨意任性地喝酒喝咖啡喝茶的時光，就是哺餵兩個孩子母乳的那些年。

Discovery

生產第一個孩子，因歷經十六個小時的陣痛又產後血崩、緊急輸血，元氣傷盡，是以當護士把這個重量兩千九百九十九公克的迷你獸捧到我胸口時，她似乎期待我將有初為人母的興奮或激動或慰安，但，眼前這嬰孩是如此全然陌生的一個人哪，凝望著溼潤光溜溜的她，氣血耗盡的我內心怔然且不無憂傷。我是怎麼容許我本然荒涼、孤獨的剛剛好的人生，今後將無以逃避，將恪忠職守，將無怨無尤，將撫育支撐另一個人的生命呢。今後我該怎麼辦。

這些迷惘在我開始試著去袒胸露乳哺餵孩子時，如清晨露水的無言蒸騰，不再襲擊我，終於一天一天緩慢散盡。若每一次的哺餵都是嬰孩藉以維生的每一餐飯，那麼算了算這輩子，我已分泌了一萬次以上的乳源給我的孩子們。

媽媽看我擁著孩子的臂腕瘦如紙片仍勉力授乳，老人家心頭不捨，皺著眉頭說，我們那年代是因為買不起奶粉、不得已只好餵你們吃母奶，你又不是窮，奶粉營養更好又方便，你幹麼這麼苦、非餵人奶不可。

我這才知道在某些老者的心裡，奶粉是一種要付費的財力階級象徵，媽媽年輕時大概曾羨慕過那些能餵孩子吃味全奶粉的婦人吧。她怎麼知道職場浮華多年的我，在這一方斗室，緊緊抱著自己子宮孕育而來的陌生小性命，即是靠著一次又一次全無保留的袒胸露乳，才終於知道，今生此後我已成了婦人。哺乳之故，我離開了咖啡茶酒兩三年，只能喝水，和麻油雞湯。是零歲嬰孩用她貪婪噙淚的尋索與咬嚙乳頭，開啟了我的餵養之路，也讓我因此逐漸了悟，那生活的本質，不脫農業、烹飪是也。

現在我可以站在街頭等公車避暑喝啤酒了，甚至偶而煮晚餐時，也可以任性地給自己一小小杯醇厚高粱，雖然高粱下肚，但灑落鹽巴仍能適量克制，只是炒菜的動作在酒精催化下，更豪邁來勁兒。孩子偶而探頭進來說，嘖嘖，媽，你又喝酒囉？我回她，哎呀，這酒可都是天然乾淨的食物釀造的，只是一天喝一點點，放心，不礙事兒，就像你們喝熱可可一樣，媽咪懂得節制。

想起十幾年前曾有一個冬日冰冷黃昏，我摟著飢餓暴哭的兩個月大娜娜，隱坐在天母某處街頭的階梯角落，小心翼翼地露出一側乳頭開始授乳。冬日氣溫十度，路人匆匆走過，我們母女緊緊相依為了她要吃，她要活下去，彼時我感覺自己瑟縮街頭既狼狽又努力，那畫面今生無以忘記。

如今我一年至少下廚烹飪七百次（每日午晚餐）去餵養家人與自己。我不再需要靠著自身分泌的乳源去養育孩子，我日日用米用菜用豆用肉去餵養家人，所以我可以想喝什麼就喝什麼了。不再有暗室微光裡的袒胸露乳，母親的某部分職能不再復返，我默默承載著這自由背後所隱晦的失落。

這幾年新聞媒體經常用粗俗的「事業線」三字來稱謂乳房，乳房位居於我們身體的第二肋骨到第六肋骨，係是為分泌乳汁以餵養親兒，乃天地間最純粹潔淨的功能。媒體卻將之隱喻為女人職場的武器，許多女性也以此玩笑嘻言，這是對乳房和婦人的最輕慢，真希望我們女人懂得去怒目正視聽。

今日在銀行的等候椅上，我讀到楊渡在副刊的一首詩，詩人於女兒婚禮典儀上，朗讀了如下詩句來追憶他女兒出生當天的心緒：

我甚至不敢和你相認。
我坐在破曉的街頭，獨自一人，
不知道如何面對，
成為父親後的第一個黎明。
想今後我要帶著孩子，長大成人，
我感到難以負荷的責任，
我不知道這樣，是不是就是所謂的人生？

讀畢我一人於號碼燈閃個不停的銀行裡，低迴好久。身邊一個穿拖鞋的中年男子正讀著生活版的馬鈴薯食譜。

我忍不住想告訴詩人，你的黎明獨問，我的產台怔然，原來我們都曾在自己生命的某處跌宕當口，如此沉沉意識到今生此後對孩子的責任。這問，出於天性出於愛。

所幸好好餵養，這一路吃吃喝喝，時光在餐桌與書桌中交錯，貝比的生命春花秋月走了過來。這兩天陽光好、蔬菜曬得夠、更健康的被摘下來，口味正宜，今晚我來炸小塊豆腐，裹和上鹹蛋黃，灑下一小把韭菜花拌炒，讓這碟豆腐黃白綠中，下腹吧。

離乳以後，最純粹的副食品

副食品的味道最好新鮮清淡而來源安全，
至於製程是否華麗、珍稀、費工，我認為是最不重要的。

最近試著用南部朋友寄上來的學甲紅茄萣社區所醃做的西瓜綿來煮鮮魚湯，自然發酵的淡淡酸味，引出了澎湖烏尾冬帶咬勁兒的肉質略甘，學甲的西瓜綿和澎湖的烏尾冬，皆是地方特色且不昂貴的食材，西瓜綿是因為西瓜農捨不得丟棄疏果後的醜小果，於是農村婦人們研究出將這些西瓜小貝比醃過後封存收藏，天地萬物凡能吃的都不可浪費，這學甲地區已流傳好幾代的西瓜綿，不僅可煮湯入味，連加了芫荽來炒肉絲都分外下飯！

而烏尾冬雖然不若白鯧、石斑等高價魚嚐起來細緻柔軟，亦自有其富嚼勁的肉質纖維，雖然餐廳以紅燒方式居多，但我今日因圖省事而將它與西瓜綿一起煮湯，孩子們也吃喝得一臉飽酣爽悅。孩子們在自家餐桌上真是個性甜美隨和，她們總是勇於嘗試且具體欣賞食物的天然酸甜苦辣，我想，那是因為從副食品，她們就展開了一生熱情擁抱食物的旅程了，第一步就站得穩，於是她們而後走得遠。

最近某個夏夜，我和一位初識不久的新手爸爸站在長廊上聊天，幾隻蚊子嗡嗡嗡地在我兩腿臂膀之間飛梭找血，小腿已被咬了好幾口紅腫麻辣發癢的我頻頻微踱腳，這位三十歲男子卻依然興味昂然、滔滔不絕地述說每晚下班後，他和妻子如何細膩分工的哺餵八個月大女兒吃副食品，小人兒的每一口喃喃啊啊啊，於他都是婉轉清新、可愛入心的天籟。

他說，為了讓女兒每天可吃到不同口味和營養的魚肉，夫婦倆每週末到仁愛路一家高級料理亭去買盒什錦生魚片。買回家後先將每片魚分切成三小份，再分裝入冷凍庫，這樣每晚他就可挑出一小片鮭魚、鮪魚、蘇眉或鰤魚，放入電鍋蒸熟，再用瓷湯匙搗成糊狀，然後一口一口的，送到嬰孩的嘴裡。他呵呵笑說，你看我女兒是不是很有口福又很有品味，雖然只有幾個月大，她可是愛死生魚片了喲。

（這位爸爸，其實，那根本已經不是生魚片了啊。）

我已超過十年的光陰不再需要研究嬰幼兒從液狀、泥狀到糊狀、再演化到塊狀、固體狀的副食品製作史了，如今我的方向已調轉到孩子們每天需求兩千卡路里的料理中下功夫，開始研究生長板的刺激和漢方轉骨的補血益氣之說了。有人說料理食物就是在料理人心，儘管那親手做副食品的時光已悠然遠去，看到眼前這位男子正和妻子共同深情陶醉於八個月嬰兒的米糊、果泥和魚泥，他們還熱衷於製作好果汁冰磚在冷凍庫，方便他們的爸媽可拆解下一小塊冰磚稀釋成淡果汁，白天照顧時可補充嬰兒的維生素營養。

他又說，魩仔魚粥是假日必做的，用一斤豬大骨和一小片蘋果熬成濃郁的高湯為基底，再加上一小把魩仔魚煮白米，實乃幼兒最好的蛋白質和鈣質攝取來源。

哇，果汁冰磚、大骨小魚粥、生魚片泥。我很意外這對壓根兒不開伙的夫妻，卻對孩子的副食品這般投入、究極。

然這似乎有點弄擰了副食品的原始意義。副食品乃是幫助孩子順利過渡到成人食物的橋梁，且除了吞嚥與吸吮，可再強化嬰幼兒口腔肌肉的咀嚼能力，和發音咬字的脣顎功能。副食品的味道最好新鮮清淡而來源安全，至於製程是否華麗、珍稀、費工，我認為是最不重要的。

因此初期米湯的一小勺，我會在意白米的來處是否無農藥疑慮。我不想餵這麼小的孩子吃農藥。

必須注意大骨熬湯的油脂是否過重過油，更重要的是，化學藥物等有害物質多存在於脂肪組織，嬰幼兒真的需要如大人般飲用大骨熬的湯頭嗎？另外，大骨經長時間高溫熬煮，會否造成毒物的產生迄今尚無定論，所以我毋寧採取保守的應對方式。若真要煉出美味湯頭，我建議用天然昆布簡單又方便，省時又省能源。

至於綜合生魚片的安排，恐怕也要再三思。當今海洋汙染的問題嚴重，市面上綜合生魚片的來源我們很難了解出處，是否有重金屬殘留無從肉眼窺探，所以真要讓小貝比吃魚，我建議用本省海域捕撈的當季盛產鮮魚如秋刀魚、鯖魚、竹筴魚，只需要我們料理大人餐時，刮下一小片在碗裡磨搗就好，新鮮又安全。

我更避免煮食北歐諸國進口的密集飼養鮭魚給孩子們當副食品食用，這些破壞海洋生態、密集飼養誰能保證無投藥防病、據美國《科學》期刊研究出有戴奧辛和多氯聯苯殘留的鮭魚，拜行銷之長，是市面上最受歡迎的魚種之一，卻是我日常最不敢碰的。若真想吃點鮭魚，我就去買兩片阿拉斯加野生鮭魚回家細細煎烤慢食。

而關於魩仔魚粥，幾乎穩坐父母最推崇的副食品排行榜冠軍，因為它高鈣高蛋白。一把魩仔魚通常是幾百尾來不及長大小魚的生命，犧牲了幾百尾來日可食的大魚，卻換得一小匙半顆蛋黃或碗豆泥、黃豆泥即可供給的蛋白質，是不是很沒有效率呢？或者，放棄掉一小匙的魩仔魚，只需換成等量匙的秋刀魚泥，也是一樣營養美味的。往深一點去想，我們得破除魩仔魚的迷思。

而果汁冰磚的製作似也大可不必，因為天然維他命Ｃ不耐久存、容易氧化，冷凍庫的汙染也不能不防，水果要吃的就是圖它新鮮芬芳，台灣是水果寶島、各種水果如海浪湧上來般一季一季盛產，我孩子們的爸爸最喜歡做的，就是將孩子們放在他膝蓋上，然後用一小根鐵湯匙在嬰兒面前刮下水梨、葡萄、蘋果、香蕉、芭樂、水蜜桃的細肉，大人小孩共食的歡歡欣欣，肯定比冷凍庫裡的果汁冰磚甜美有香氣。

我問已經滿頭銀髮的媽媽，小時候你都讓我吃什麼副食品啊？

媽媽沉吟了三秒鐘，然後答，那時候哪有什麼副食品啊？你們現在年輕人花樣太多了，每天看食譜研究什麼副食品，以前我們吃什麼你們小孩子就一起吃什麼啊。你們年輕人要真有那麼多時間，就應該讓小孩子包布尿布才對，省錢又天然，洗一洗、曬乾就可以再用，現在一個嬰兒一個月要丟掉三百片紙尿布，唉，實在浪費。

是的，我驀地想起當年照顧小我六歲的五妹，我總是撈起餐桌上一鍋稀飯的米湯，還有一小份大人吃的胡蘿蔔絲炒高麗菜用冷開水沖過，然後用小湯匙把它磨得稍微細軟些，就這樣樂孜孜的、家家酒似的把小妹餵成大小孩了。

副食品的演進見證了我們這年代的富裕與焦慮。如今各種人工添加物無聲無息躲藏在任何型態的食物供應鏈裡，我們必須要很小心，才能幫助嬰幼兒過濾掉農藥、基改和環境荷爾蒙汙染。我們又何其幸運，真要細心的話，俯拾皆是天然古老的農畜產。

從那每一匙的泥狀物裡，牽引出世代的孺慕情。有一天我會老齒會搖，一如現在我的公公和母親，我總是記得要不時買點兒溫柔、柔軟的食物回去給他們，昨天公公兩手接過去我特地買的一盒復興鄉水蜜桃，一袋子幼毛茸茸、香氣滿溢的，沒有戴假牙的他張開空蕩蕩的嘴巴笑得含蓄直說這真好真好、謝謝媳婦。那時刻不知怎的，副食品的諸多記憶又湧上我心頭，老老小小，他們一生中最美麗的時候。

煮食是一份決心

一切源自於一份小小的決心，再怎麼忙，
吃飯都是重要且值得學習的事，是最愛護家人之心的事。

昨日招待幾個娜娜的同學來家裡小聚，都是十一歲的可愛孩子，我準備了四方牧場的鮮乳、福義軒的蘇打餅、附近咖啡館的手工蛋糕讓他們做墊腹的小點心，然後因自己罹患重感冒、無體力大肆煮食，遂簡單的烹一鍋鹹粥，用澎湖蝦米和台產蒜頭爆香（市面上多所大陸蒜頭流通，我還是堅持用台產雲林的蒜頭安全新鮮、在地節碳），放入當令的洋蔥丁炒軟，胡蘿蔔絲添美麗的紅色，玉米筍請孩子們動手去除苞葉以後切成細條狀，另外起平底鍋將五顆蛋液煎成焦褐酥香如餅，粥要起鍋前，再放入這些蛋酥和不吃穀物、放牧而成的牛絞肉，於是紅、黃、白相間的鹹粥完成。

雖然他們只是作客半天，我還是升起一種「得好好養這些小客人一餐飯」的心意與念頭。

鹹粥讓這些孩子唏哩呼嚕吃得很高興（我原本擔心他們不吃洋蔥和胡蘿蔔、原來是多慮），他們聊著說，媽媽平常在家裡都不煮晚餐，多以外送或小吃攤點湯麵和小菜來解決。每個孩子都天真地從碗底仰起頭對我說，阿姨，其實我媽媽煮什麼都跟你一樣，都很好吃的。

我很驚訝這五個不同家庭的孩子，不論父母親有無出外上班，家裡平日都無開伙煮食的習慣，長年這樣下去，孩子一路長大，發育未健全的器官和維生系統，他們的肚腹內得吃進多少化學添加物。家裡的餐桌，這樣也未免太冷清了。

孩子多麼希望家裡溫溫暖暖的那一部分，有媽媽或爸爸在廚房進進出出，端出熱菜喊「不要動，燒喔！」的聲音。

今天和一位職場生涯甚為忙碌的母親朋友聊起了早餐，她是金融界的資深強者，開不完的創投會議和頻繁的國內外出差行程，像這樣日日妝扮高雅細緻的女人，還可能親手為孩子做早餐麼，她工作壓力這麼大，她這麼忙，她請得起傭人和加碼零用錢給兩個孩子。

我說，席拉你怎麼起這麼早，現在才早上五點多鐘啊。

她回，我要陪孩子們吃早餐，我得早起進廚房去弄兩套傳統水潤餅，裡面夾荷包蛋、火腿、番茄和幾片雪蓮。

我聽到雪蓮，甚感新奇。雪蓮？

席拉從臉書送來訊息解釋，「這天山雪蓮是新竹縣尖石鄉原住民（司馬庫斯、那羅、馬石等部落）的重要作物，極粗放式的管理，中部的仁愛鄉和信義鄉之原住民也有零星栽種，又稱菊薯，原產地在南美安格拉斯山脈。生食清脆多汁似水梨，可降血壓血糖治便祕。新竹山區路邊常有賣，外形狀似山藥、番薯。」

我說你這早餐實在是太勝出了。我今日給孩子們的早餐匆匆，是蛋花海帶芽味噌湯，和兩個素蔬菜煎餅。

而席拉的本省傳統水潤餅隨心隨意創意十足，她突發奇想配上原住民的天山雪蓮切片，新鮮的雞蛋熱煎，再夾以西方風情的火腿肉和番茄，土洋融合，所費時間其實不多，卻豐富美味、情感洋溢，足以讓孩子們感受到家庭的支持、總是很晚下班的母親的愛。

席拉的早餐，啟示了煮食其實可以不那麼困難，在家庭的煮食工作，是來自於時間管理和心意的堅決，若下定決心要吃溫暖、安心、有養分的食物，那麼，關於採買和冷藏、鍋具運用、廚藝技巧的策略，就會從心底慢慢浮現。

一切源自於一份小小的決心，再怎麼忙，吃飯都是重要且值得學習的事，是最愛護家人之心的事。

也可能無意中，將你帶往了雪蓮之境，認識更多的本島植物與生態，讓爐火旁的你，了解植物的生態史。廚房世界，何其趣味，何其大。

雪蓮怎麼吃？

此款原住民稱之為「天山雪蓮」的植物，並不是武俠小說裡西藏高原天山地區的雪蓮，它是一種菊科多年生草本植物，英文名為 Yacon，其外型像顆大番薯，生吃的口感如水梨般甜甜脆脆，原住民農友為吸引市場上消費者的注意而取名為「天山雪蓮」、「地下水果」，而這菊科植物尚有待本土農業專家給予正式的中文名稱。

根據農改場的資料顯示，天山雪蓮喜歡冷涼又日照充足的地方，海拔一千公尺左右的高地最適宜，月均溫不超過攝氏二十五度是它最喜愛的生長環境。林子深處它生長，足見天山雪蓮其純淨的本質。

日本茨城大學的學者研究發現，天山雪蓮主要成分是果寡糖，可以改善人體的脂質、幫助通便和改善腸內菌叢，在日本國內被視為富健康機能的天然食物。其保存非常容易，不占冰箱空間，只要放陰涼處即可達一兩個月都不會腐壞。行經山區旅行或在市場上看見「天山雪蓮」，買回家以後，可以這麼吃：

將它如梨子般切成薄片，如水果般新鮮生吃。

將它拌入原味優酪乳、蜂蜜、冰塊，打成冰沙果汁。

也可切成小丁狀，與橘子肉一起做成果凍。

更好和汆燙過的排骨、玉米塊，煮成排骨湯。天山雪蓮在起鍋前十分鐘方可放入，即可保持它甜脆的口感。

這煮飯的人，就是家庭的寶

黃昏時分窗櫺外有人走過，誰都會幻想那屋子裡的爐火上正有什麼滾著，那必然是戶安穩幸福人家。而你我這煮飯的人，就是家庭的寶。

在雜誌寫餐桌專欄已十幾個月，台灣小島臨海多山又相互縱錯，高低海拔、岳谷平原的春夏秋冬歷歷分明，雖然政府的農業政策長期以來還有許多待修整、可議之處，但承受了氣候、地形的先天福氣和農漁畜牧等各地農友的成長精進、努力奮命，我們這山海島民、四季可吃的天然食物種類實在太豐富了，所以每個月截稿日迫近時，我都在為這期究竟得割捨哪些當令食物而傷腦筋。畢竟每個節氣都產出了幾十種的蔬菜水果，海洋也洄游來了不一樣的魚群呢。

例如昨日黃昏逛超市，我看見好幾包真空裝還活著的花蓮黃金蜆陳列整齊，燈光下每一粒蜆都亮澄健康、美麗無比。（請原諒我用這麼通俗的字眼，但當下我拿起此來自東部的沉甸甸金蜆時，內心確實就是忍不住低語著，哇好漂亮的貝殼喔！）於是我開始想，嗯，不如這個月就來寫溪川蜆肉的幾種變化料理吧。

但編輯馬上來信說，你上次不是提議要寫大白菜壽喜燒嗎？

唉，一月一欄，大白菜甜、那蜆兒鮮，壽喜燒或黃金蜆，該怎麼做理性的割捨呢？

後來我在音樂教室裡，聽孩子們練習德弗札克五重奏的不精準拍子中，很高興的

寫成交稿。闔上筆電、離開孩子尚不熟美的樂音和校園，氣象報告說要變天了，我決定返回內湖去買菜，冰箱裡有薄鹽鯖魚和臭豆腐，我還需要一點兒毛豆、胡蘿蔔和番茄。

市場裡有位賣菜的年輕婦人，她每天破曉前和先生開著小貨車從宜蘭跑來內湖賣宜蘭菜，她的芫荽總是用草葉捆綁、在攤位上高高懸掛，彷彿是衛兵昭示著此地疆域的風格純淨，其偶而出現的蘆筍花、青花筍、過貓也都是上等。

今天更稀奇了，攤子上竟然出現紫色的花椰菜，讓人誤以為在逛歐洲市集似的。婦人熱烈地介紹，這是娘家自己種的紫花椰，不好種，產量很少，一斤算六十塊就好。我快手快腳的挑了兩朵，唯恐被身邊其餘競爭者捷足先登，市場裡每個買菜的人，可都是殺手來著。

這紫花椰之色澤如深寶石，經炒煮之後顏色略褪，盤中湯汁會有寶藍色的錯覺，口感較綠花椰、白花椰軟，或許是新鮮和種植技術的關係，甜度也較高。

農人連這麼漂亮深豔顏色的菜蔬都想方設法、種出來供應給我們了，在台灣煮飯，就地取材，變化不難，只要下廚的心意決定，哪怕做出來的料理只有館子五分、六分像，都是活生生飄散空中的香。黃昏時分窗櫺外有人走過，誰都會幻想那屋子裡的爐火上正有什麼滾著，那必然是戶安穩幸福人家。

而你我這煮飯的人，就是家庭的寶。

後記

前幾天在雅棠的工作室觀看他所為我拍攝的一些廚事照片，透過他內斂質樸的鏡頭取像，我第一次注意到，原來我握著菜刀的十根手指，關節與肌理的依連，看起來是如此的粗質、嶙峋、多皺，和剛強，原來長年在廚房水裡來、火裡去，我的雙手，看起來毫無熟齡女性的腴美軟皙，鏡頭底下它是無所遁形的粗糙頑強。我驚呼了一聲，啊我的手好醜！

這也只能怪自己任性了。雖然喜歡珍珠的潤澤，但我手指頭套不慣任何的戒指；北台灣冬日的自來水其實冷冽，可洗碗洗菜時我還是戴不慣手套、遂任由它小小龜裂；大火炒菜時，熱油的猛然噴濺我已習慣了竟毫無痛感；先生買回來各種護手霜我永遠遺忘一旁、放到過期；至於這些年流行的造型美甲，我更是嫌它礙事、一點兒興致都沒有，就這樣前無防護後無保養的，我的雙手於是忠實表述出一個工作者的原貌。

但看著這照片，內心也升起了一種踏實的激動，沒有什麼比這更真實的了，我的手，是一雙在生活裡努力過的手，今年我甚至學會自己殺魚去內臟去鱗片，剝鮮蝦殼我總是剝得甚流暢完好。是以我這雙皺巴巴的手，又何嘗沒有另一種形式的美呢。

完成這本書，內心深深感謝好些人。終究是媽媽讓我在七歲的長夏午後，端著一塊豬皮拿著小鑷子就著窗外的自然光照，要我拔豬毛而我怎麼拔也拔它不盡，那塊豬皮的軟膩與豬毛的黑細難拔所帶來的手工感，不曾隨著時光的遠逝而淡忘，正是這些現代母親不會讓孩子去碰觸的點點滴滴，讓我的人生自此與廚房工夫，有了如絲線的纏結。而媽媽不識字，她將永遠不會讀到女兒筆下她的身影是如此殷勉深遠，我不無遺憾，那麼且讓我去實踐更多她所帶給我的生活之愛，做為我對她的敬慕。

也感謝百鑫在家裡餐桌上給我的鼓勵與啟示，他是個連刀工都講究的人，例如牛腱和綠竹筍的刀工有何異別他都有想法。昨天他還買了一小包台南養菇場所種的新鮮靈芝回家，興致昂揚的教我怎麼把靈芝切成細片、以燉一小盅靈芝靚湯。沒有他這般懂吃、愛吃、捨得吃，我們的家庭樂趣應該會抵減很多，我們的兩個孩子不會這麼幸福。

更感謝遠流總編輯靜宜這近兩年來所給予我的包容、等待與討論，寫這本書時，我內心貪婪而無定調，我左手想寫出逛各地菜市場的興味，右手卻想寫像我這樣的普通婦人，內心對台灣農業現況的觀察與關注，我想寫菜市場裡的溫暖深情，也想寫我們的農村土地正面臨的一些困境。我苦思如何下筆來吸引讀者一起關切當今農食世界的真偽，多虧靜宜這一路帶著秀逸且嚴謹的詩薇、昌瑜，並延請雅棠讓我在放鬆天真的情況下，拍了一些照做為紀錄，讓這本小書，趕上今年秋天來臨前，呈現出它穩靜的樣貌。

誠實說，我是在一股使命感的驅動下，寫就這些篇章，不論讀者是否從字裡行間感受到我想說的，關於土地、關於廚房、關於食材背後的農事、關於吃關於愛的人生如歌，努力是因為願意好好活著，透過吃，透過買，透過煮，我們普通婦人亦握有改變社會的最大力量，而這是我內心所急著喚醒的。

不論世道如何，願風調雨順，願我們每天，都好好吃頓飯。

二〇一三年八月九日

我所認識的番紅花

侯勇光

與番紅花的結識，緣起於介壽國中弦樂團。我在學校擔任外聘弦樂團指揮，而她的大女兒剛好就在我團內拉小提琴（但當初錄取她是因為她的鋼琴彈得好極了，組三重奏或五重奏迫切需要這樣的人才，而且現在她的二女兒也進來了，鋼琴彈得不輸給音樂班主修學生）。

某一天上完合奏課，我收到了一封簡訊，內容是謝謝我上課時所講解的蕭斯塔高維契（D. Shostakovitch, 1906-1975，前蘇聯時期俄國作曲家）。因為作曲家的時代背景不得不提史達林，因著史達林很自然的講到台灣的白色恐怖。這些歷史和音樂或其他藝術其實是息息相關的，而我也很願意花寶貴的上課時間和孩子們分享這些藝術家歷經的苦難，以期使孩子們可以更理解作曲家想要表達的作品情緒。的確，孩子們在了解更多而做出有內涵的演奏時，連眼神都是雀躍的。

於斯，與這位家長開始了一些互動，在讀完她的一些作品後，也漸漸更瞭解這位作家……嗯！真的很不一樣！她既簡單又另類，她既聰明又迷糊，她既謙遜又堅持，她……真的很特別。而且閱讀她的書是一種享受，很溫潤，像極了上好的普洱茶，自然散發著不矯作的情感，字裡行間滿滿對孩子的愛，對大自然的依戀，對弱勢的無私付出。

我唯一可以吐槽她的就是，沒有人（或作家）在白天就在喝酒的（啤酒或高粱或任何），好嗎？要喝也是晚上嘛。最令我傻眼的是那位疼愛她寵溺她的丈夫李先生，竟會下班還扛一箱啤酒回來鼓勵她，我一定要想辦法和她先生也變成好朋友，看他會不會沒事扛一箱啤酒來鼓勵我。

番紅花在本書中特別贅言我的頂樓農夫生活，並且收留她無緣的小藍莓樹，我也小小分享一下這一生最精采的段落吧。

去年初在朋友幫忙下，我搬進了他在台北市泉州街所投資的連棟小社區。迄今想不起來當初的起心動念是如何開始的，應該就是因為朋友借住房子不收錢，很想做點什麼來表達自己的謝意，至少讓他們家可以吃點有機蔬菜吧。於是就很衝動的跑到花市共買了十四個菜箱和一千兩百公斤的土，接著找來水電工在水塔接了管子和水龍頭解決灌溉問題，五金行買了圍籬在頂樓順著矮牆圍起，一切都依著「我要種菜」的念頭支持下在兩天內完成。農夫生涯我種了絲瓜、葵花苗、空心菜、小白菜、青江菜、莧菜和菠菜，後來又嘗試種較少蟲害的小番茄、彩椒、山藥、地瓜葉、川七、日本茼蒿等作物。朋友家常常有我種的各種菜，當然不像市場販售的那麼漂亮，可是口感更甚於前者，也吃不到化學生長激素。

但是我的開心農場卻在今年六月不得不停止，因為搬遷到木柵的山上，集合式住宅沒辦法容我繼續「務農」。於今我只能在浴室外小陽台放置兩盆從泉州街搬遷過來的作物，一盆是檸檬樹，另一盆是可以作夜茶沖泡的薄荷，其餘菜箱則全數送給朋友，聽說如今也是鬱鬱青青繁華茂盛。

有次家長們聚會，席間番紅花問我「侯老師，你現在都不種菜了喔？」這句話始終在耳邊縈繞著，我想藉此回答這位可愛的作家，有機會的話，我一定還會找片地來開墾，然後再來一次「務農」的精采。也算是對這位護土愛農的可愛煮婦作家的另類致意吧！

（作者為音樂家，國家交響樂團 NSO 第一小提琴手，二〇一二年推出演奏專輯《反光体》，入圍二〇一二年金曲獎最佳專輯、最佳專輯製作人、最佳作曲獎）

國家圖書館出版品預行編目資料

廚房小情歌／番紅花著；. -- 初版 . -- 臺北市：遠流，2013.9
面；　公分 . --（Taiwan Style; 23）
ISBN 978-957-32-7270-0（平裝）
1. 飲食 2. 文集
427.07　　102016362

Taiwan Style 23
廚房小情歌
作者：番紅花
攝影：楊雅棠・番紅花

總編輯：黃靜宜
執行主編：張詩薇
美術設計：雅堂設計工作室
編務協成：高竹馨
行銷企劃：叢昌瑜、葉玫玉

發行人：王榮文
出版發行：遠流出版事業股份有限公司
地址：台北市 100 南昌路 2 段 81 號 6 樓
電話：（02）2392-6899
傳真：（02）2392-6658
劃撥帳號 ： 0189456-1

著作權顧問：蕭雄淋律師
輸出印刷：中原造像股份有限公司
初版一刷：2013 年 9 月 1 日
初版二刷：2016 年 5 月 15 日

定價 / 新台幣 350 元

YLib 遠流博識網
http://www.ylib.com e-mail:ylib@ylib.com
ISBN 978-957-32-7270-0

圖片來源：
封面 , P1, P8, P11, P13, P15, P49, P51, P63, P67, P69, P79, P84, P85, P122, P126, P130, P133, P139, P156, P160, P163, P169, P177, P183, P184, P188, P195, P210, P215, P228, P230, P235, P240／楊雅棠 攝
其他未特別註記者／番紅花 提供